Unitäre Darstellungen lokal-kompakter Gruppen, die unter der Wirkung einer kompakten Gruppe invariant sind.

Dissertation zur Erlangung des Doktorgrades
der Mathematisch-Geographischen Fakultät
der Katholischen Universität Eichstätt-Ingolstadt
vorgelegt von
Thierry Lalèyê
aus
Fribourg(Schweiz)

Eichstätt 2010

Bibliografische Information der Deutschen Nationalbibliothek
Die Deutsche Nationalbibliothek verzeichnet diese Publikation in der Deutschen Nationalbibliografie; detaillierte bibliografische Daten sind im Internet über http://dnb.d-nb.de abrufbar.

1. Aufl. - Göttingen: Cuvillier, 2011
Zugl.: Eichstätt, Univ., Diss., 2010

978-3-86955-816-5

Eingereicht am: 2.11.2010
1. Gutachter: Prof. Dr. Rainer FELIX
2. Gutachter: Prof. Dr. Rolf Wim HENRICHS
Tag der mündlichen Prüfung: 28.06.2011

Nonnenstieg 8, 37075 Göttingen
Telefon: 0551-54724-0
Telefax: 0551-54724-21
www.cuvillier.de

1. Auflage, 2011
Gedruckt auf säurefreiem Papier

978-3-86955-816-5

Inhaltsverzeichnis

Einleitung

Sei G eine lokal-kompakte Gruppe und K eine kompakte Gruppe, die auf G durch Automorphismen wirkt. In der vorliegenden Arbeit geht es um unitäre Darstellungen von G, die unter der Wirkung von K invariant sind.
Solche unitären Darstellungen treten in [7] auf. In dieser Arbeit hat Bianca Di Blasio den Begriff des radialen Vektors eingeführt in Anlehnnung an den Begriff einer radialen Funktion, den Damek und Ricci in [6] verwendet haben unter Bezugnahme auf einen Mittelungsprojektor $R : \mathcal{D}(G) \longrightarrow \mathcal{D}(G)$. Dabei heißt eine Funktion φ auf G radial, wenn $R\varphi = \varphi$ gilt. Für eine unitäre Darstellung π einer Gruppe G in einem Hilbertraum H wird der Vektor v radial genannt, falls die Koeffizientenfunktion: $g \longmapsto < \pi(g)v, v >$ radial auf G ist(Siehe [7], Def.2.1]). Ein Mittelungsprojektor R entsteht zum Beispiel durch Mittelung über die Wirkung von K auf G; d.h. für eine stetige Funktion φ mit kompaktem Träger auf G ist der durch $R\varphi(g) := \int_K \varphi(k.g)dk$ definierte Operator ein Mittelungsoperator.
In diesem Fall kann eine Wirkung von K auf den unitären Darstellungen definiert werden. Dies wird der Ausgangspunkt unserer Arbeit sein.
Besitzt nun eine Darstellung π von G einen zyklischen radialen Vektor, so ist sie $K-$invariant; d.h. die Darstellung $k.\pi$ mit $k.\pi(g) = \pi(k.g), g \in G$ ist äquivalent zu π für jedes $k \in K$. Es stellt sich nun die Frage, ob eine $K-$invariante Darstellung stets einen $K-$radialen Vektor besitzt? Am Beispiel der Gruppe $SU(2)$, die auf sich selbst durch innere Automorphismen wirkt, werden wir sehen, daß dies im allgemeinen nicht der Fall ist. Man kann jedoch immerhin zeigen, daß jede $K-$invariante Darstellung quasi-äquivalent zu einer Darstellung ist, die einen $K-$radialen Vektor besitzt.
Nichtsdestotrotz stellt sich die interessante Aufgabe, die $K-$invarianten Darstellungen zu beschreiben. Dazu benutzen wir die Theorie der direkten Integralzerlegung.
Die Wirkung von K auf G überträgt sich in eine Wirkung von K auf der Menge $\widehat{G}$ der Äquivalenzklassen irreduzibler unitärer Darstellungen von G.
Das Kernstück der Arbeit bilden nun die beiden folgenden Resultate, die freilich nur unter der zusätzlichen Annahme, daß die $K-$Bahnen in $\widehat{G}$ für die Hüllen-Kern-Topologie auf $\widehat{G}$ abgeschlossen sind, bewiesen werden können:
1. Die $K-$Bahnen in $\widehat{G}$ entsprechen in eineindeutiger Weise den $K-$irreduziblen Darstellungen von G.
2. Jede $K-$invariante Darstellung schreibt sich als direktes Integral $K-$irreduzibler Darstellungen. (Dabei heißt eine Darstellung $K-$irreduzibel, wenn sie keine echte $K-$invariante Teildarstellung besitzt.)

Das Ziel unserer Untersuchungen im Spezialfall einer nilpotenten einfach zusammenhängenden Lie Gruppe besteht darin, in Analogie zur Kirillov's Charakterformel für irreduzible Darstellungen eine Charakterformel für $K-$irreduzible Darstellungen anzugeben. Dabei stößt man auf die Schwierigkeit, daß im Gegensatz zu einer irreduziblen Darstellung ρ die Darstellungsoperatoren $\pi(\varphi), \varphi \in \mathcal{D}(G)$, einer $K-$irreduziblen Darstellung π nicht notwendig Spuroperatoren sind. Aus diesem Grunde müssen wir mit dem allgemeineren Begriff der natürlichen Spur auf der Links-von-Neumann-Algebra $\mathcal{U}$ einer Hilbert-Algebra arbeiten. Bei geeigneter Wahl dieser Hilbert-Algebra ist $\mathcal{U}$ nämlich isomorph zur von-Neumann-Algebra $\mathcal{U}_\pi$ der $K-$irreduziblen Darstellung π, so daß sich die natürliche Spur auf $\mathcal{U}$ zu einer Spur f_π auf $\mathcal{U}_\pi$ überträgt. Die Charakterformel lautet dann

$$f_\pi(\pi(\varphi)) = \int_{\widehat{G}} \text{Spur } \rho(\varphi) d\mu_\pi(\rho), \varphi \in \mathcal{D}(G),$$

wobei μ_π das $K-$invariante Wahrscheinlichkeitsmaß auf der zu π gehörigen $K-$Bahn in $\widehat{G}$ ist.

An dieser Stelle freuen wir uns Herrn Professor Dr. Rainer Felix für seine mutige, treue, und gründliche Betreuung danken zu dürfen.

Oktober 2010

Kapitel 1

Grundbegriffe

1.1 Requisiten aus der Darstellungstheorie

1.1.1 Die C^*−Algebra einer lokal-kompakten Gruppe

Sei G eine lokal-kompakte Gruppe: Man kann ihr eine besondere C^*−Algebra zuordnen(Siehe [8], 13.9.1) und zwar $C^*(G)$, die z.B folgender Weise erhalten wird:
Auf $L^1(G)$ als involutive Algebra betrachtet(Mit dem Konvolutionsprodukt als Produkt und $f \longmapsto f^*$, wobei $f^*(x) := \overline{f(x^{-1})}\Delta(x^{-1})$, $x \in G$ als Involution) definiert man:
$\| f \| := \sup_\pi \| \pi(f) \|$, wobei π die Menge aller nicht-ausgearteten Darstellungen von $L^1(G)$ durchläuft. Es handelt sich dabei um eine Halbnorm(Siehe [8], 2.7.1), die zu einer Norm wird, weil ja $L^1(G)$ eine injektive Darstellung besitzt(Siehe [8], 13.3.6).
$C^*(G)$ ist dann die Vervollständigung von $L^1(G)$ bezüglich dieser Norm.
Im Abschnitt 13.1 von [8] wird der Begriff von Darstellung einer lokal-kompakten Gruppe eingeführt, und der Zusammenhang mit der Darstellungstheorie involutiver Algebren gemacht.
Besonders im 13.3 von [8] werden Darstellungen von G und die von $C^*(G)$ in Verbindung gesetzt.
Vieles für G und $\widehat{G}$ wird dann aus $C^*(G)$ und $\widehat{C^*(G)}$ erhalten(Siehe [8], 13.9). Insbesondere wird die Topologie auf $\widehat{G}$ durch die auf $\widehat{C^*(G)}$ definiert.

1.1.2 Die von-Neumann-Algebra

$\mathcal{H}$ bezeichne einen Hilbertraum und $\mathcal{L}(\mathcal{H})$ die Menge ihrer beschränkten Operatoren.
Eine involutive Unteralgebra A von $\mathcal{L}(\mathcal{H})$ wird von-Neumann-Algebra genannt, (VNA notiert) falls,
$A = A''$ gilt, wobei A'' den Bi-Kommutanten von A bezeichnet(Siehe [8], A1-A4).
-Jeder Darstellung π von G ordnet man die von den Darstellungsoperatoren $\pi(g), g \in G$ erzeugte VNA zu: Diese heißt die zu π gehörige VNA.
-π wird vom Typ I genannt, falls die zugehörige VNA $\mathcal{A}$ vom Typ I ist, was bedeutet, daß $\mathcal{A}$ isomorph zu einer VNA $\mathcal{B}$ ist, so daß $\mathcal{B}'$ kommutativ ist(Siehe [8], A35).($\mathcal{B}'$ bezeichnet hier den Kommutanten von $\mathcal{B}$).
-π wird vielfachheitenfrei genannt, falls der Kommutant $\pi(G)'$ kommutativ ist(Siehe [8], 5.4.5,13.1.4).

1.1.3 Direkte Integrale von Hilberträumen

Z bezeichne einen Borelschen Raum; $(H(z))_{z\in Z}$ eine Familie von Hilberträumen.

Definition 1.1:

Sei $\Gamma \subseteq \prod_{z\in Z} H(z)$ eine Menge von Vektorfeldern.
Das Paar $\mathcal{E} = ((H(z))_{z\in Z}, \Gamma)$ wird Borelsches Feld von Hilberträumen genannt, wenn die folgenden Bedingungen erfüllt sind:

(1) Γ ist ein Untervektorraum von $\prod_{z\in Z} H(z)$;

(2) Es existiert eine Folge $(x_1, x_2, \dots)$ in Γ, so daß für jedes $z \in Z$ $x_1(z), x_2(z), \dots$ eine totale Folge in $H(z)$ bildet.

(3) $\forall X \in \Gamma$, gilt $z \longmapsto ||X(z)||$ ist Borelsch

(4) $\forall Y \in \prod_{z\in Z} H(z)$ gilt:
$z \longmapsto < Y(z), X(z) >$ Borelsch $\forall X \in \Gamma \Longleftrightarrow Y \in \Gamma$.
Die Elemente von Γ werden dann die Borelschen Vektorfelder gennant.

(5) Wird Z mit einem positiven Maß μ versehen, so spricht man von einem $\mu-$meßbaren Feld von Hilbertsräumen und von $\mu-$ meßbaren Vektorfeldern.

(6) Die Menge $\left\{x \in \Gamma / \int_Z ||x(z)||^2 d\mu(z) < \infty\right\}$ wird Direktintegral der $H(z)$ gennant, und zum Beispiel $\int_Z^{\oplus} H(z) d\mu(z)$ notiert!

Diese Grundbegriffe werden in [8], Appendix A, A69-A98 erläutert.
Angenehmer zu benutzen ist aber folgende auf Folland zurückzuführen Definition(Siehe [14], 7.4 (i),(ii)).

Definition 1.2
Ein Feld $c \longmapsto H_c$ von Hilbert-Räumen auf den Borelschen Raum C wird Borelsch genannt, wenn eine Folge $(X_n)_{n\in\mathbb{N}}$ von Vektorfeldern aus $\prod_{c\in C} H_c$ existiert, mit den Eigenschaften, dass:

(i) Für jedes c aus C, ist $(X_n(c))_{n\in\mathbb{N}}$ total in H_c

(ii) $c \longmapsto < X_i(c), X_j(c) >$, ist Borelsch für alle i, j aus $\mathbb{N}$,

Borelsche Vektorfelder sind dann die Vektorfelder Y, für die gilt:
$c \longmapsto < Y(c), X_n(c) >$ ist Borelsch, für alle $n \in \mathbb{N}$.
Wird C auch mit einem Maß μ versehen, so hat man in die Definition die Ausdrücke "Borelsch" durch "$\mu-$messbar" zu ersetzen, um ein $\mu-$messbares Feld von Hilbertsräumen sowie die $\mu-$messbaren Vektorfelder zu definieren.

1.2 Nilpotente Gruppen

Hier möchten wir die Entstehung der Kirillov- Korrespondenz beschreiben.
Sei G eine nilpotente Lie-Gruppe, $\mathfrak{g}$ ihre Liesche-Algebra und $\mathfrak{g}^*$ der entsprechende Dualraum.

Sei $l \in \mathfrak{g}^*$ festgelegt: Es existiert eine maximale(Bezüglich der Dimension) Liesche Unteralgebra $\mathfrak{m}$ von $\mathfrak{g}$, so daß $l([X,Y]) = 0, \ \forall X, Y \in \mathfrak{m}$.(Siehe [4], 1.3.3)
$\mathfrak{m}$ wird eine maximale der Linearform l untergeordnete Unteralgebra genannt.
Wenn $M = \exp \ \mathfrak{m}$ ist, ist dann die Einschränkung von l auf $\mathfrak{m}$ nichts anderes als die Ableitung im neutralen Element von $\chi_{l,M}(\exp X) = e^{2i\pi l(X)}, \forall X \in \mathfrak{m}$.
Jetzt dürfen wir die von $\chi_{l,M}$ induzierte unitäre Darstellung von G folgender Weise konstruieren:
$d\dot{x}$ bezeichne das $G-$invariante Maß auf G/M.
Sei $\mathcal{H} = \{f : G \longrightarrow \mathbb{C}$ meßbar $/ f(xy) = \chi_{l,M}(y)^{-1} f(x)$,
$x \in G, y \in M, \ \int_{G/M} \| f(x) \|^2 \, d\dot{x} < \infty\}$
Nach Teilung durch das Radikal und Vervollständigung wird $\mathcal{H}$ zu einem Hilbertraum.
Wir definieren dann
$[\pi(a)f](x) = [Ind_M^G \chi_{l,M}(a)f](x) := f(ax), \forall a \in G, x \in G.$
Folgende Bemerkungen werden dann entscheidend für die Definition de Kirillov-Korrespondenz:
-Zwei zu l maximale untergeornete Unteralgebren führen zu äquivalenten unitären Darstellungen von G.(Siehe [4], Satz 2.2.2)
-Zu jeder irreduziblen unitären Darstellung π von G gibt es ein $l \in \mathfrak{g}^*$, so daß $\pi \cong \mathrm{Ind}_M^G \chi_{l,M}$.(Siehe [4], Satz 2.2.3)
-Zwei Elemente aus $\mathfrak{g}^*$ führen zu äquivalenten Darstellungen genau dann, wenn sie derselben koadjungierten Bahn angehören.(Siehe [4], Satz 2.2.4)

Dies führt also zu einer Bijektion zwischen den koadjungierten Bahnen in $\mathfrak{g}^*$ und $\widehat{G}$. Das ist die Kirillov-Korrespondenz.

Kapitel 2

Auswertung der $K-$Wirkung auf Darstellungen

2.1 Ausgangssituation

Soweit wir es nicht anders angeben, wird unter G eine (C^∞) lokale-kompakte Gruppe vom Typ I mit abzählbarer Basis und unter K eine kompakte Gruppe mit abzählbarer Basis verstanden.

Eine Wirkung von K auf G sei folgendermaßen gegeben:

$$\alpha : K \to \mathrm{Aut}(G), k \longmapsto \alpha_k$$

Homomorphismus mit der Eigenschaft, daß

$$K \times G \to G, (k, g) \longmapsto \alpha_k(g)$$

eine stetige Abbildung ist.
Unter dieser Bedingung sind die $K-$Bahnen in G kompakt als stetige Bilder einer kompakten Menge!

Bemerkung 2.1:
Wir schreiben künftig $k.g$ für $\alpha_k(g)$, $(k \in K,\ g \in G)$ überall, wo es sinnvoll ist.

2.2 Konsequenzen der $K-$Wirkung

Im folgenden werden die weiteren Wirkungen von K auf
$\mathfrak{g}, \mathfrak{g}^*$ und $\mathfrak{g}^*/G$ sowie auf die Charaktere unitärer irreduzibler Darstellungen einer Liegruppe beschrieben.
$\exp : \mathfrak{g} \longrightarrow G$ bezeichne die Exponentialabbildung von G.

2.2.1 Wirkung von K auf $\mathfrak{g}$

Satz 2.2 : K wirkt stetig auf $\mathfrak{g}$.

Beweis:

(1) **Darstellung der Wirkung**
Da für jedes $k \in K, \alpha_k$ ein Automorphismus von G ist, ist seine Differentialabbildung im neutralen Element $d\alpha_k$ ein Isomorphismus der Lie-Algebra $\mathfrak{g}$. Die Abbildung

$$d : K \longrightarrow GL(\mathfrak{g}), k \longmapsto d\alpha_k$$

ist ein Homomorphismus, der die Wirkung von K auf $\mathfrak{g}$ definiert. Wir haben nämlich:

$$\forall k_1, k_2 \in K,\ d(k_1k_2) = d\alpha_{k_1k_2} = d(\alpha_{k_1} \circ \alpha_{k_2}) = d\alpha_{k_1} \circ d\alpha_{k_2} = d(k_1) \circ d(k_2)$$

-Für e neutrales Element von K, $d(e) = d\alpha_e = 1_{\mathfrak{g}}$ Identitätsabbildung von $\mathfrak{g}$ (Dies ist z.B aus der Gleichung

$$\alpha_k(\exp X) = \exp(d\alpha_k X), \forall\, X \in \mathfrak{g}, \forall\, k \in K$$

zu lesen.)□

(2) **Diese Wirkung ist stetig.**
Die Stetigkeit der Abbildung d erfolgt aus der Stetitgkeit der Zuordnung
$k \longmapsto (\exp)^{-1} \circ \alpha_k \circ \exp$!

Bemerkung 2.3:
Künftig schreiben wir $k.X$ für $d\alpha_k X,\ k \in K, X \in \mathfrak{g}$.

2.2.2 Wirkung von K auf $\mathfrak{g}^*$

Satz 2.4 : K wirkt stetig auf $\mathfrak{g}^*$.

Beweis:

Ähnlich wie bei der koadjungierten Wirkung von G auf $\mathfrak{g}^*$, definiert auch hier
$d^* : K \longrightarrow GL(\mathfrak{g}^*), k \longmapsto d^*\alpha_k$
eine Wirkung von K auf $\mathfrak{g}^*$, wobei

$$d^*\alpha_k : \mathfrak{g}^* \longrightarrow \mathfrak{g}^*, l \longmapsto l \circ d\alpha_k^{-1}, \forall\, k \in K$$

Wir haben nämlich für jedes l aus $\mathfrak{g}^*$ und $\forall\, k_1, k_2 \in K$:

$$d^*\alpha_{k_1k_2}(l) = d^*(\alpha_{k_1} \circ \alpha_{k_2})(l) = l \circ d(\alpha_{k_1} \circ \alpha_{k_2})^{-1} = l \circ d\alpha_2^{-1} \circ d\alpha_{k_1}^{-1} = (d^*\alpha_{k_1} \circ d^*\alpha_{k_2})(l)$$

Somit gilt $d^*\alpha_{k_1k_2} = d^*\alpha_{k_1} \circ d^*\alpha_{k_2}, \forall\, k_1, k_2 \in K$
-$\forall\, l \in \mathfrak{g}^*$ gilt auch $d^*\alpha_e(l) = l \circ d\alpha_e^{-1} = l \circ 1_{\mathfrak{g}}^{-1} = l \circ 1_{\mathfrak{g}} = l$ also $d^*\alpha_e = 1_{\mathfrak{n}^*}$ Identitätsabbildung auf $\mathfrak{g}^*$ □

Daß d^* stetig ist, ist einfach aus der Stetigkeit folgender Zusammensetzung zu lesen:

$$k \longmapsto d\alpha_k \longmapsto d\alpha_k^{-1} \longmapsto {}^t d\alpha_k^{-1}$$

Bemerkung 2.5: Künftig schreiben wir $k.l$ statt $d\alpha_k^*.l,\ k \in K, l \in \mathfrak{g}^*$.

2.2.3 Wirkung von K auf $\mathfrak{g}^*/G$

Satz 2.6 : K wirkt stetig auf $\mathfrak{g}^*/G$.

Beweis:

Für l aus $\mathfrak{g}^*$ bezeichne $\bar{l}$ die Bahn von l unter der Koadjungierten Wirkung von G auf $\mathfrak{g}^*$.
Sei dann k aus K beliebig gewählt und dann festgehalten: Folgende bijektive Abbildung von $\mathfrak{g}^*/G$ kann definiert werden:

$$\bar{d\alpha}_k : \mathfrak{g}^*/G \longrightarrow \mathfrak{g}^*/G, \bar{l} \longmapsto \bar{d\alpha}_k(\bar{l})$$

wobei $\bar{d\alpha}_k(\bar{l}) := \overline{l \circ d\alpha_k^{-1}}, \forall \bar{l} \in \mathfrak{g}^*/G$.
-Wir zeigen zuerst, dass $\bar{d\alpha}_k$ wohldefiniert ist, das heisst, daß $\bar{d\alpha}_k(\bar{l})$ nicht vom Repräsentanten von $\bar{l}$ abhängt, und dies $\forall \bar{l} \in \mathfrak{g}^*/G$.
Sei $l_1 \in \bar{l}$: Zu zeigen ist, dass $l_1 \circ d\alpha_k^{-1} \in \overline{l \circ d\alpha_k^{-1}}$.
$l_1 \in \bar{l} \Rightarrow \exists g_1 \in G$, so daß $l_1 = l \circ \mathrm{Ad}(g_1)^{-1}$
wobei $\mathrm{Ad}(g_1) = d\sigma_{g_1}(e)$ mit

$$\sigma_{g_1} : G \longrightarrow G, g \longmapsto g_1 g g_1^{-1}.$$

$$l_1 \circ d\alpha_k^{-1} = l \circ \mathrm{Ad}(g_1)^{-1} \circ d\alpha_k^{-1} = l \circ d\alpha_k^{-1} \circ d\alpha_k \circ \mathrm{Ad}(g_1)^{-1} \circ d\alpha_k^{-1}$$

$$= l \circ d\alpha_k^{-1} \circ d[\alpha_k \circ \sigma^{-1}(g_1) \circ \alpha_k^{-1}] = l \circ d\alpha_k^{-1} \circ \mathrm{Ad}(\alpha_k(g_1))^{-1}$$

Somit liegt also $l_1 \circ d\alpha_k^{-1}$ in $\overline{l \circ d\alpha_k^{-1}}$ und $\bar{d\alpha}_h$ ist wohldefiniert.

Wenn $P(\mathfrak{g}^*/G)$ die Menge der Permutationen von $\mathfrak{g}^*/G$ bezeichnet, haben wir:

$$\bar{d} : K \longrightarrow P(\mathfrak{g}^*/G), k \longmapsto \bar{d\alpha}_k$$

ist ein Homomorphismus, der die Wirkung von K auf $\mathfrak{g}^*/G$ definiert.
Wir haben nämlich:

$$\forall k_1, k_2 \in K, \ \bar{d}(k_1 k_2) = \bar{d\alpha}_{k_1 k_2}$$

$\forall \bar{l} \in \mathfrak{g}^*/G$ gilt:
$\bar{d\alpha}_{k_1 k_2}(\bar{l}) = \overline{l \circ d\alpha_{k_1 k_2}^{-1}} = \overline{l \circ d(\alpha_{k_1} \circ \alpha_{k_2})^{-1}} =$

$$\overline{l \circ d\alpha_{k_2}^{-1} \circ d\alpha_{k_1}^{-1}} = \overline{\bar{d\alpha}_{k_1} \circ \bar{d\alpha}_{k_2}(\bar{l})}$$

$$\text{Also } \bar{d\alpha}_{k_1 k_2} = \bar{d\alpha}_{k_1} \circ \bar{d\alpha}_{k_2}, \forall k_1, k_2 \in K$$

-Endlich für $e \in K$ gilt:
$\bar{d\alpha}_e = \bar{d}(e), \forall \bar{l} \in \mathfrak{g}^*/G : \ \bar{d\alpha}_e(\bar{l}) = \bar{l}$

Bemerkung 2.7:
Künftig schreiben wir $k.\bar{l}$ statt $\bar{d\alpha}_k(\bar{l})$

2.3 Wirkung von K auf $\widehat{G}$

Sei $k \in K$; wir definieren

$$\widehat{k} : \widehat{G} \longrightarrow \widehat{G}, \pi \longmapsto \widehat{k}(\pi)$$

wobei

$$[\widehat{k}(\pi)](g) := \pi \circ \alpha_k^{-1} := \pi[\alpha_k^{-1}(g)], \forall\, g \in G.$$

(i) $\widehat{k}$ ist wohldefiniert:
Sei nämlich π_1, π_2 mit $\pi_1, \pi_2 \in \pi$; daraus folgt:
$\exists A : \mathcal{H}_{\pi_1} \longrightarrow \mathcal{H}_{\pi_2}$ Isomorphismus, so daß $\pi_2(g) \circ A = A \circ \pi_1(g), \forall\, g \in G$.
Daraus ergibt sich sofort, daß $\pi_1 \circ \alpha_k^{-1} \cong \pi_2 \circ \alpha_k^{-1}$, so daß $\widehat{k}(\pi)$ unabhängig vom Repräsentanten von π ist. Die Abbildung

$$\widehat{d} : K \longrightarrow P(\widehat{G}), k \longmapsto \widehat{d}(k) := \widehat{k}$$

definiert also eine Wirkung von K auf $\widehat{G}$
($P(\widehat{G})$ bezeichnet hier die Permutationsgruppe von $\widehat{G}$);
wir haben nämlich:
$\forall\, k_1, k_2 \in K, \forall g \in G$:

$$\widehat{k_1 k_2}(\pi)(g) = \pi[\alpha_{k_1 k_2}^{-1}(g)] =$$
$$\pi[\alpha_{k_2}^{-1}(\alpha_{k_1}^{-1}(g))] =$$
$$\widehat{k_1}(\widehat{k_2}(\pi))(g), \pi \in \widehat{G}$$

Also

$$\widehat{k_1 k_2} = \widehat{k_1}\widehat{k_2}, \forall\, k_1, k_2 \in K.$$

-$\widehat{e}(\pi)(g) = \pi[\alpha_e^{-1}(g)] = \pi(g), \forall g \in G, \forall \pi \in \widehat{G}$, also $\widehat{e} = 1_{\widehat{G}}$ Identitätsabbildung von $\widehat{G}$

(ii) Die Zuordnung $k \longmapsto \hat{k}$ ist stetig:
Sei O offen in $\widehat{G}$ und ρ_0 fest in $\widehat{G}$: $\left\{\varphi \in P(\widehat{G}) / \varphi(\rho_0) \in O\right\}$ ist eine offene Teilmenge in $P(\widehat{G})$.
Nun ist die Zuordnung $K \longrightarrow P(\widehat{G}),\ k \longmapsto \rho \circ \alpha_k^{-1}$ stetig $\forall \rho \in \widehat{G}$(Siehe Lemma 2.22).
Somit ist ja das Urbild dieser offene Teilmenge von $P(\widehat{G})$ unter $k \longmapsto \hat{k}$ wieder eine offene Teilmenge!

Bemerkung 2.8: Künftig schreiben wir $k.\pi$ für $\widehat{k}(\pi)$ $(k \in K, \pi \in \widehat{G})$, wo es passend ist.

2.3.1 Wirkung von K auf den Charakteren unitärer irreduzibler Darstellungen einer nilpotenten Gruppe G

Im folgenden bezeichnet G eine einfach zusammenhängende nilpotente Gruppe.

Satz 2.9: K wirkt auf die Charaktere unitärer irreduzibler Darstellungen von G.

Vorbemerkungen 2.10:

(a) K **wirkt stetig auf** $\mathcal{D}(G)$
Die folgende Zuordnung definiert eine Wirkung von K auf $\mathcal{D}(G)$:

$$K \times \mathcal{D}(G) \longrightarrow \mathcal{D}(G), (k, f) \longmapsto k.f$$

Wobei $k.f(g) := f(\alpha_k^{-1}(g), \ \forall k \in K, \forall g \in G.$
Daß es sich um eine Wirkung handelt, bezeugt folgende Gleichung:
$(k_1k_2).f(g) = f(\alpha_{k_1k_2}^{-1}(g)) = f(\alpha_{k_2}^{-1} \circ \alpha_{k_1}^{-1}(g))$
$= k_2.f(\alpha_{k_1}^{-1}(g)) = k_1.(k_2.f)(g), \ \forall g \in G, \forall k_1, k_2 \in K.$
Diese Wirkung ist stetig.

(b) Die Wirkung von K auf die Charaktere wird dadurch ermöglicht, daß eine von uns genannt „Zwischen Wirkung“ von K auf $\mathcal{S}(G)$ definiert werden kann.
Die Zusammensetzung einer unendlich oft im unendlichen schnell verfallenden Funktion mit einem Automorphismus von G bleibt ein Element von $\mathcal{S}(G)$.(Bei der Zusammensetzung der Differentialen bleibt ja die Bildmenge der Funktion relevant!) Daß wir mit einer Wirkung zu tun haben, ist wegen zum Beispiel der $K-$Wirkung auf $\mathcal{D}(G)$ klar!

Beweis vom Satz:

Teil 1:

$\mathcal{F}(G)$ bezeichne jetzt die Menge aller positiv definiten und zentralen Distributionen auf G. Für F aus $\mathcal{F}(G)$ gilt:

$$(1) F(\varphi * \varphi^*) \geq 0, \forall \varphi \in \mathcal{D}(G) \text{ wobei } \varphi^*(g) := \overline{\varphi(g^{-1})}, \forall g \in G.$$

$$(2) F(\varphi * \psi) = F(\psi * \varphi), \forall \varphi, \psi \in \mathcal{D}(G)$$

Die Wirkung von K auf G läßt sich folgenderweise auf $\mathcal{F}(G)$ fortsetzen:
Sei $k \in K$ beliebig und fest: Wir definieren folgende Abbildung:

$$\underline{k} : \mathcal{F}(G) \longrightarrow \mathcal{F}(G), F \longmapsto \underline{k}(F) := F^k,$$

wobei,

$$F^k(\varphi) := F(\varphi \circ \alpha_k), \forall \varphi \in \mathcal{D}(G), \forall k \in K.$$

Da $F^{k_1k_2}(\varphi) = F(\varphi \circ \alpha_{k_1} \circ \alpha_{k_2}) = \underline{k_2}F(\varphi \circ \alpha_{k_1})$
$= \underline{k_1}[\underline{k_2}(F)](\varphi), \ \forall k_1, k_2 \in K, \ \forall \varphi \in \mathcal{D}(G).$
Also $\underline{k_1k_2} = \underline{k_1}.\underline{k_2}, \forall k_1, k_2 \in K$
Es ist klar, daß $\underline{e} = 1_{\mathcal{F}(G)}$, das heißt $F^e = F, \forall F \in \mathcal{F}(G)$.
Somit definiert $k \longmapsto \underline{k}$ eine Wirkung von K auf $\mathcal{F}(G)$.

Teil 2:

Da Charaktere unitärer irreduzibler Darstellungen von G temperierte Distributionen sind(Das heißt Elemente des Dualraums von $\mathcal{S}(G)$, die Menge der unendlich oft differenzierbaren schnell fallenden Funktionen auf G), wirkt K auf sie.
Sei $\pi \in \hat{G}; \widehat{\pi} : \mathcal{S}(G) \longrightarrow \mathbb{C}$ bezeichne den Charakteren von π. Für ein maximales orthonormales System $(e_i)_{i\in\mathbb{G}}$ von $\mathcal{H}$ (Darstellungsraum von π) läßt er sich folgender Weise definieren:

$$\text{Sei } \varphi \in \mathcal{S}(G) : \widehat{\pi}(\varphi) := \sum_{i=1}^{\infty} \langle \pi(\varphi) e_i | e_i \rangle .$$

Es gilt dann

$$\widehat{\pi}^k(\varphi) = \widehat{\pi}(\varphi \circ \alpha_k) = \widehat{\pi}_k(\varphi), \forall \varphi \in \mathcal{S}(G), \forall k \in K$$

. Wir haben nämlich:
$\widehat{\pi}_k(\varphi) = \sum_{i=1}^{\infty} \langle \pi_k(\varphi) e_i | e_i \rangle$
Das heisst $\widehat{\pi}_k(\varphi) = \sum_{i=1}^{\infty} \langle \int_G \varphi(g) \pi[\alpha_k^{-1}(g)] e_i dg | e_i \rangle$
$= \sum_{i=1}^{\infty} \langle \int_G \varphi[\alpha_k(g)] \pi(g) e_i dg | e_i \rangle$
$= \sum_{i=1}^{\infty} \langle \pi(\varphi \circ \alpha_k) e_i | e_i \rangle = \widehat{\pi}(\varphi \circ \alpha_k) = \widehat{\pi}^k(\varphi), \varphi$ beliebig gewählt.
Also $\widehat{\pi}_k = \widehat{\pi}^k, \forall k \in K$.
Somit erhalten wir das gewünschte Ergebnis:
π^k ist einfach der Charakter von $\pi_k := \pi \circ \alpha_k^{-1}$(Wir haben also mit einer Wirkung auf die Charaktere zu tun!) und die Zuordnung Darstellung-Charakter ist bezüglich der $K-$Wirkung äquivariant! □

Bemerkung 2.11: K wirkt auf $\mathcal{D}'(G)$:
Diese Wirkung wird durch die Abbildung : $K \times \mathcal{D}'(G)) \longrightarrow \mathcal{D}'(G), \ (k,T) \longmapsto k.T$ definiert, Wobei $k.T(f) := T(f \circ \alpha_k), \ \forall k \in K$.
Daß es sich um eine Wirkung handelt, bezeugt das folgende:
$< (k_1 k_2).T, \varphi >=< T, f \circ \alpha_{k_1} \circ \alpha_{k_2} >$
$=< k_2.T, f \circ \alpha_{k_1} >=< k_1.(k_2.T), f >, \ \forall f \in \mathcal{D}(N), \forall k_1, k_2 \in K$.
Diese Wirkung ist auch stetig.

2.4 Wirkung von K auf den $G-$ invarianten extremalen Maßen auf $\mathfrak{n}^*$

Bemerkung 2.12

Für $f \in \mathfrak{g}^*$ bezeichne $G(f)$ den zugehörigen Stabilisator bei der koadjungierten Wirkung von G auf $\mathfrak{g}^*$.
Wenn $\Omega_f = G.f$ die Bahn von f bezeichnet, existiert eine bijektive Abbildung von $G/G(f)$ auf Ω_f. Damit werden Ω_f und $G/G(f)$ identifiziert. Ω_f wird dadurch zu einer C^∞ Untermannigfaltigkeit von $\mathfrak{g}^*$.(Vgl. [2], 1.6)

Wenn Ω_f von Dimension s ist, existiert auf Ω_f eine $2s-G-$invariante Differentialform überall von null verschieden auf $G/G(f)$. Auf Ω_f definiert sie ein positives $G-$Maß, das Kostant maß gennant wird. (Siehe [2], 2.2-2.6)

Extremale $G-$invariante Masse auf $\mathfrak{g}^*$ sind Maße m auf $\mathfrak{g}^*$, die folgende Eigenschaften erfüllen:

(a) $m(g.B) = m(B), \forall g \in G, \forall B$ Borelsch in $\mathfrak{g}^*$($g.B$ bezeichnet hier die Koadjungierte Wirkung von G auf $\mathfrak{g}^*$)

(b) Falls $m = m_1 + m_2$ gilt $m = \lambda_1 m_1 = \lambda_2 m_2,\ \lambda_1, \lambda_2 \in \mathbb{R}$.

Solche Masse sind Vielfache der Masse $m_\rho,\ \rho \in \widehat{G},$ wobei die Fouriertransformierte von m_ρ den Charakter von ρ liefert. Deshalbes reicht es die $K-$Wirkung auf Masse $m_\rho, \rho \in \widehat{G}$ nachzuweisen.

Satz 2.13: K wirkt auf den $G-$invarianten extremalen Maße auf $\mathfrak{g}^*$.

Beweis:

Für eine stetige unitäre irreduzible Darstellung ρ, ihren Charakter $\widehat{\rho}, k \in K$ und $\varphi \in \mathcal{S}(G)$ gilt:
$k.\widehat{\rho}(\varphi) = \widehat{k.\rho}(\varphi) = \widehat{\rho \circ \alpha_k^{-1}}(\varphi) = \widehat{\rho}(\varphi \circ \alpha_k)$, dies dank der Äquivarianz der Zuordnung Darstellung-Charakter bezüglich der $K-$Wirkung; dann folgt:
$\widehat{\rho}(\varphi \circ \alpha_k) = \int_{\mathfrak{g}^*} \widehat{\varphi \circ \alpha_k}(l) dm_\rho(l) = \int_{\mathfrak{g}^*} \widehat{\varphi}(l) d(k.m_\rho)(l) = \int_{\mathfrak{g}^*} \widehat{\varphi}(l) dm_{k.\rho}(l)$
Aus der Eindeutigkeit des Maßes $m_{k.\rho}$ dürfen schließen, daß:

$$m_{k.\rho} = k.m_\rho, \forall \rho \in \widehat{G}, \forall k \in K. \ \Box$$

Bemerkung 2.14:

Die getrennten Ergebnisse der Äquivarianz folgender Abbildungen bezüglich der K−Wirkung($\mathcal{M}^*$ bezeichnet dabei die Menge G−invarianter extremalen Maße auf $\mathfrak{g}^*$):

$\hat{G} \longrightarrow \mathfrak{g}^*/G$; $\mathfrak{g}^*/G \longrightarrow$ Charaktere und
Charaktere $\longrightarrow \mathcal{M}^*$
können auch gesammelt werden, etwa in die Form:
$\hat{G} \longrightarrow \mathfrak{g}^*/G \longrightarrow \{\text{Charaktere}\} \longrightarrow \mathcal{M}^*$
Woraus man leicht die anderen äquivarianten möglichen Beziehungen ablesen kann.

2.5 K_ρ ist abgeschlossen.

Hier möchten wir zeigen, daß unter unseren Bedingungen die Fixgruppe K_ρ einer Darstellung ρ abgeschlossen ist.
Sei dafür die konvergente Folge (k_n) aus K_ρ. Ihr Limes sei durch $\widetilde{k}$ bezeichnet.
Wir nehmen an, $\widetilde{k}$ würde K_ρ nicht angehören.
Für die stetige Zuordnung $k \longrightarrow \rho \circ \alpha_k^{-1}$ gilt dann folgendes:
(k_n) wird auf ρ abgebildet und die konstante Folge $\rho_n := \rho$ konvergiert ja gegen $\widetilde{\rho}$(Das Bild von $\widetilde{k}$ unter der Zuordnung!)
Nun ist ja $\widehat{G}$ ein T_0−Raum und wegen der Konvergenz von $\rho_n := \rho$ gegen $\widetilde{\rho}$ muss ja gelten: Es gibt eine offene Umgebung $U(\rho)$ von ρ, die $\widetilde{\rho}$ nicht enthält.
Das Urbild von $U(\rho)$ unter $k \longrightarrow \rho \circ \alpha_k^{-1}$, das wir mit $W(\rho)$ bezeichnen, erfüllt folgende Eigenschaften:
Es ist eine offene Teilmenge von K, die aus K_ρ−Nebenklassen besteht, und die K_ρ selbst enthält!
Nun ist ja K eine topologische Gruppe und deshalbes enthält $W(\rho)$ eine Umgebung V vom Neutralelement e_K von K, mit der Eigenschaft, daß VV^{-1} in $W(\rho)$ enthalten ist.
Damit ist aber $V\widetilde{k}$ eine offene Umgebung von $\widetilde{k}$, die aber K_ρ nicht trifft:
Seien nämlich $k_1 \in K$, $v \in V$, so daß $v\widetilde{k} = k_1$. Daraus würde $\widetilde{k} = v^{-1}k_1$ also $\widetilde{k} \in W(\rho)$(Weil ja $W(\rho)$ die K_ρ−Bahn von v^{-1} enthält!), was ja nicht möglich ist!
Somit trifft also $V\widetilde{k}$ die Fixgruppe K_ρ nicht, was aber ein Widerspruch zur Aussage: (k_n) konvergiert gegen $\widetilde{k}$ ist!((k_n) liegt ja in K_ρ)
Unsere Annahme ist also nicht richtig und K_ρ ist ja abgeschlossen.

2.6 Die K−Bahnen sind Borelsch in $\widehat{G}$

K sei für unsere ganze Arbeit Standard(Also separabel) vorausgesetzt.
Für ein beliebiges festes ρ aus $\widehat{G}$ gilt folgendes:
Die Abbildung $\varphi_\rho : K \longrightarrow \widehat{G}$, die jedes k auf $\rho \circ \alpha_k^{-1}$ ist ja stetig also Borelsch!

(i) Dank [17], Thm 7.2 ist ja K/K_ρ ein Standardraum, $\forall \rho \in \widehat{G}$.

(ii) Eine injektive Borelsche Abbildung $\bar{\varphi} : K/K_\rho \longrightarrow \widehat{G}$ erhalten wir folgender Weise:
-Wenn $i : K \longrightarrow K/K_\rho$, dann existiert ja unser $\bar{\varphi}$, so daß: $\varphi = \bar{\varphi} \circ i$.
Wenn K/K_ρ mit der Quotiententopologie versehen ist, ist $\bar{\varphi}$ stetig also auch Borelsch!

(iii) Somit erhalten wir in $\hat{f} : K/K_\rho \longrightarrow K.\rho$ einen bijektiven Borelschen Isomorphismus dank [8], B 22 mit der zusätzlichen Information, daß $K.\rho$ Borelsch in $\widehat{G}$ ist.

2.7 $K \ltimes G-$Wirkung

Bemerkung 2.15:
Aus der Wirkung von K auf G durch Automorphismen entsteht ein Semidirektes Produkt $K \ltimes G$.
Für zwei Elemente $(k, g), (k', g')$ aus $K \times G$ wird das Produkt so definiert:
$(k, g)(k', g') := (kk', g\alpha_k(g'))$.
Damit haben wir mit einem semidirekten Produkt zu tun. G ist ein Normalteiler von $K \ltimes G$, so daß $K \ltimes G$ auf G(Als Untergruppe von $K \ltimes G$ verstanden.) durch Konjugation wirkt:
$K \ltimes G \longrightarrow Aut(G),\ (k, g) \longmapsto \beta_{k,g}$, wobei $\forall (e_K, g') \in \{e_k\} \times G$ gilt:
$\beta_{k,g}[(e_K, g')] := (k, g)(e_K, g')(k^{-1}, \alpha_k^{-1}(g^{-1})) = (k, g\alpha_k(g'))(k^{-1}, \alpha_k^{-1}(g^{-1}))$
$= (e_K, g\alpha_k(g')g^{-1})$
Diese Wirkung ist also die Zusammensetzung der Wirkung von K durch Automorphismen mit der Wirkung von G auf sich selbst durch Konjugation: Zuerst wirkt K und dann G.
Schränkt man den Homomorphismus β auf K ein, das heißt auf Elementen der Form (k, e_G), stimmt dann die entsprechende Wirkung per Konjugation auf G mit der ursprünglichen $K-$Wirkung auf G überein.

Die Stetigkeit folgender Abbildung ist gleichwertig damit, daß die $K \ltimes G-$Wirkung auf G stetig ist.

$K \times G \times G \longrightarrow G,\ (k, g, g') \longmapsto g\alpha_k(g')g^{-1}$
Zur Erinnerung ist schon folgende Zuordnung stetig:
$K \times G \longrightarrow G,\ (k, g) \longmapsto \alpha_k(g)$

2.7.1 $K \ltimes G-$Wirkung auf $\widehat{G}$

Sei $\sigma : G \longrightarrow Aut(G),\ g \longmapsto \sigma_g$ der Homomorphismus, der die Wirkung von G auf sich selbst durch Konjugation verkörpert.(Diese Wirkung ist ja stetig, wie wir es aus der Stetigkeit folgender Abbildung lesen können:
$(g, g') \longmapsto gg'g^{-1})$
Wir haben dann: $\forall (k, g) \in K \ltimes G,\ \forall \rho \in \widehat{G}$ setze:

$(k,g).\pi := \pi \circ \alpha_k^{-1} \circ \sigma_g^{-1}$

Es handelt sich um eine Wirkung, denn:
Einerseits gilt:
$(k_1,g_1)[(k_2,g_2).\pi] = (k_1,g_1)[\pi \circ \alpha_{k_2}^{-1} \circ \sigma_{g_2}^{-1}] = \pi \circ \alpha_{k_2}^{-1} \circ \sigma_{g_2}^{-1} \circ \alpha_{k_1}^{-1} \circ \sigma_{g_1}^{-1}$.
Andererseits gilt:
$[(k_1,g_1)(k_2,g_2)].\pi = (k_1k_2, g_1\alpha_{k_1}(g_2)).\pi = \pi \circ \alpha_{k_2}^{-1} \circ \alpha_{k_1}^{-1} \circ \sigma_{g_1\alpha_{k_1}(g_2)}^{-1}$
$= \pi \circ \alpha_{k_2}^{-1} \circ \alpha_{k_1}^{-1} \circ \sigma_{\alpha_{k_1}(g_2)}^{-1} \circ \sigma_{g_1}^{-1}$
Für alle g aus G gilt aber:
$(\sigma_{g_2}^{-1} \circ \alpha_{k_1}^{-1})(g) = (\alpha_{k_1}^{-1} \circ \sigma_{\alpha_{k_1}(g_2)}^{-1})(g)$
Wir dürfen also auf die Gleichheit beider oberen Ausdrücke schliessen.
Natürlich gilt: $(e_K, e_G).\pi = \pi, \ \forall \pi \in \widehat{G}$.
Die Stetigkeit dieser Wirkung wird durch die Stetigkeit folgender Zuordnung festgelegt: $K \times G \times \widehat{G} \longrightarrow \widehat{G}, \ (k,g,\pi) \longmapsto \pi \circ \alpha_k^{-1} \circ \sigma_g^{-1}$

2.7.2 $K \ltimes G$–Wirkung auf $\mathfrak{g}$

Eine Wirkung des semidirekten Produktes auf die Liesche Algebra läßt sich folgender Weise erklären:
$(k,g).x := (\mathrm{Ad}(g) \circ d\alpha_k)x, \ \forall k \in K, \ g \in G, \ x \in \mathfrak{g}$.
Dass es sich um eine Wirkung handelt, bezeugt folgende Gleichung:
Einerseits:
$(k_1,g_1).[(k_2,g_2).x] = (k_1,g_1)[\mathrm{Ad}(g_2) \circ d\alpha_{k_2}](x)$
$= (\mathrm{Ad}(g_1) \circ d\alpha_{k_1} \circ \mathrm{Ad}(g_2) \circ d\alpha_{k_2})(x)$
Andererseits:
$[(k_1,g_1)(k_2,g_2)].x = (k_1k_2, g_1\alpha_{k_1}(g_2)).x$
$= (\mathrm{Ad}(g_1\alpha_{k_1}(g_2)) \circ d\alpha_{k_1k_2})x = (\mathrm{Ad}(g_1) \circ \mathrm{Ad}(\alpha_{k_1}(g_2)) \circ d\alpha_{k_1k_2})x$
Da für alle x aus der Lieschen Algebra gilt:
$(d\alpha_{k_1} \circ \mathrm{Ad}(g_2))x = (\mathrm{Ad}(\alpha_{k_1}(g_2)) \circ d\alpha_{k_1})x$
schliessen wir auf die Gleichheit beider oberen Ausdrücke.
Natürlich gilt hier auch:
$(e_K, e_G).x = x, \ \forall x \in \mathfrak{g}$.
Die Stetigkeit dieser Wirkung wird durch die Stetigkeit folgender Abbildung festgelegt:
Hier wird vorausgesetzt, daß die Gruppe G eine Liesche Gruppe ist.
Dann gilt nämlich: $\alpha(Exp\ X) = Exp\ (d\alpha X), \ \forall X \in \mathfrak{g}$, wobei
$\alpha : G \longrightarrow G$, ein Automorphismus ist.
$K \times G \times \mathfrak{g} \longrightarrow \mathfrak{g}, \ (k,g,X) \longmapsto (Ad(g) \circ d\alpha_k)X$
Zur Erinnerung ist $K \times \mathfrak{g} \longrightarrow \mathfrak{g}, \ (k,X) \longmapsto d\alpha_k X$ stetig.

2.7.3 $K \ltimes G$–Wirkung auf $\mathfrak{g}^*$

Weiterhin gilt für $l \in \mathfrak{g}^*$:
$(k,g).l := l \circ d\alpha_k^{-1} \circ \mathrm{Ad}(g^{-1}), \ k \in K, \ g \in G$.
Es handelt sich um eine Wirkung, denn:
Einerseits gilt:

$(k_1,g_1)[(k_2,g_2).l] = (k_1,g_1)[l \circ d\alpha_{k_2}^{-1} \circ \mathrm{Ad}(g_2^{-1})]$
$= l \circ d\alpha_{k_2}^{-1} \circ \mathrm{Ad}(g_2^{-1}) \circ d\alpha_{k_1}^{-1} \circ \mathrm{Ad}(g_1^{-1})$
Andererseits gilt:
$[(k_1,g_1)(k_2,g_2)].l = (k_1k_2, g_1\alpha_{k_1}(g_2)).l$
$= l \circ d\alpha_{k_1k_2}^{-1} \circ \mathrm{Ad}[\alpha_{k_1}(g_2^{-1})g_1^{-1}]$
$= l \circ d\alpha_{k_2}^{-1} \circ d\alpha_{k_1}^{-1} \circ \mathrm{Ad}(\alpha_{k_1}(g_2^{-1})) \circ \mathrm{Ad}(g_1^{-1})$
Beide Ausdrücke stimmen überein, da es gilt:
$d\alpha_{k_1}^{-1} \circ \mathrm{Ad}(\alpha_{k_1}(g_2^{-1})) = \mathrm{Ad}(g_2^{-1}) \circ d\alpha_{k_1}^{-1}$,
dies dank $\alpha_{k_1}^{-1} \circ \sigma_{\alpha_{k_1}(g_2^{-1})} = \sigma_{g_2^{-1}} \circ \alpha_{k_1}^{-1}$.
Hier gilt auch:
$(e_K, e_G).l = l, \ \forall l \in \mathfrak{g}^*$.
Die Stetigkeit dieser Wirkung wird durch die Stetigkeit folgender Zuordnung festgelegt:
$K \times G \times \mathfrak{g}^* \longrightarrow \mathfrak{g}^*, \ (k,g,l) \longmapsto l \circ d\alpha_k^{-1} \circ Ad(g^{-1})$
Zur Erinnerung sind folgende Zuordnungen stetig:
-$K \times \mathfrak{g}^* \longrightarrow \mathfrak{g}^*, \ (k,l) \longmapsto l \circ d\alpha_k^{-1}$
-$G \times \mathfrak{g}^* \longrightarrow \mathfrak{g}^*, \ (g,l) \longmapsto l \circ Ad(g^{-1})$

2.7.4 $K \ltimes G-$Wirkung auf $\mathfrak{g}^*/G$

Für $\bar{l} \in \mathfrak{g}^*/G$ setzen wir:
$(k,g).\bar{l} := \overline{(k,g).l}, \ k \in K, \ g \in G.$
Die Wohldefiniertheit ist erfüllt, da:
Sei l_0 aus $\bar{l}$: Es existiert ein $g \in G$ mit: $l_0 = l \circ \mathrm{Ad}(g^{-1})$.
Dann gilt:
$(k_1,g_1).l_0 = l_0 \circ d\alpha_{k_1}^{-1} \circ \mathrm{Ad}(g_1^{-1}) = l \circ \mathrm{Ad}(g^{-1}) \circ d\alpha_{k_1}^{-1} \circ \mathrm{Ad}(g_1^{-1})$
$(k_1,g_1).l = l \circ d\alpha_{k_1}^{-1} \circ \mathrm{Ad}(g_1^{-1})$
Beide Elemente gehören einer selben Koadjungierten Bahn wegen der Gleichung:
$\sigma_{g^{-1}} \circ \alpha_{k_1}^{-1} = \alpha_{k_1}^{-1} \circ \sigma_{\alpha_{k_1}(g_1^{-1})}$
Dass es sich um eine Wirkung handelt, kommt unmittelbar aus der Wirkung auf $\mathfrak{g}^*$.
Die Stetigkeit folgender Zuordnung legt dies Stetigkeit dieser $K \ltimes G-$Wirkung auf $\mathfrak{g}^*/G$ fest:
$K \times G \times \mathfrak{g}^*/G \longrightarrow \mathfrak{g}^*/G, \ (k,g,\bar{l}) \longmapsto \overline{l \circ d\alpha_k^{-1} \circ Ad(g^{-1})}$

2.8 Sonstige Bemerkungen

2.8.1 $K \ltimes G-$ und $K-$Bahnen in $\widehat{G}$ stimmen überein

Für ein beliebiges π aus $\widehat{G}$ gilt folgendes:
$\forall x, g \in G, \ \forall k \in K : \ (\pi \circ \alpha_k^{-1} \circ \sigma_g^{-1})(x) = \pi[\alpha_k^{-1}(g^{-1})] \circ (\pi \circ \alpha_k^{-1})(x) \circ \pi[\alpha_k^{-1}(g)]$.
Daraus schliessen wir:

(a) Die $K \ltimes G-$Bahn von π stimmt mit der $K-$Bahn von π überein.

(b) Bei der $K \ltimes G$–Wirkung auf $\widehat{G}$ gilt für ein $\pi \in \widehat{G}$:
$(K \ltimes G)_\pi = K_\pi \ltimes G$.

(c) Sei $\mathcal{K} : \mathfrak{g}^* \longrightarrow \widehat{G}$ die Kirillovsche Abbildung; wegen der Äquivarianz dieser Abbildung bezüglich der K–Wirkung gilt für ein l_0 aus $\mathfrak{g}^*$:
$\mathcal{K}(k.l_0) = k.\mathcal{K}(l_0)$, $\forall k \in K$.
Auf die Übereinstimmung der Fixgruppen K_{l_0} und K_{π_0},
(wobei $\pi_0 := \mathcal{K}(l_0)$) können wir jedoch nicht schliessen denn:
Für ein $k \in K$ ist folgendes möglich:
$k.\pi_0 = \pi_0$, aber $k.l_0 \neq l_0$ aber mit $k.l_0$ liegt in der Ko-adjungierten Bahn O_{π_0}, die in $\mathfrak{g}^*$ π_o entspricht.

(d) Dank der Äquivarianz der Kirillovschen Abbildung gilt aber:
-$K_{\bar{l_0}} = K_{\pi_0}$, wobei $\mathcal{K}(l_0) = \pi_0$.
-$(K \ltimes G)_{\bar{l_0}} = K_{\pi_0} \ltimes G$
-Es gilt natürlich: $(K \ltimes G)_{l_0} \subseteq (K \ltimes G)_{\bar{l_0}}$.

(e) Die Fixgruppe $(K \ltimes G)_{l_0}$ ist abgeschlossen(Eine konvergente Folge aus dieser Gruppe muß einen Limes wieder in der Gruppe haben. Dies dank zum Beispiel der Stetigkeit von $(k, g, l) \longmapsto l \circ d\alpha_k^{-1} \circ Ad(g^{-1})$).
Sei nämlich $((k_n, g_n))_{n \in \mathbb{N}}$ aus $(K \ltimes G)_{l_0}$. Aus (k_n, g_n) konvergiert gegen (k, g) folgt dank der oberen stetigen Abbildung l_0 konvergiert gegen $l_0 \circ d\alpha_k \circ Ad(g^{-1})$, woraus folgt (k, g) liegt in der Fixgruppe.

2.9 K–irreduzible Darstellungen.

G bezeichne wieder eine lokal-kompakte Gruppe vom Typ I mit abzählbarer Basis: Somit ist G separable und postliminär. Wir nehmen an, eine kompakte Gruppe K mi abzhlbarer Basis wirke auf G durch Automorphismen.

Definition 2.16: Eine Darstellung π von G wird K–invariant genannt, wenn $\pi \circ \alpha_k^{-1} \cong \pi, \forall k \in K$.

Definition 2.17: Eine K–invariante Darstellung wird K–irreduzibel genannt, wenn sie keine nicht-triviale K–invariante Teildarstellung besitzt.

Bemerkung 2.18: Für eine spätere Nützung ist hier zu merken, daß die Abbildungen $\rho \longmapsto \rho \circ \alpha_k^{-1} (k \in K)$ Homöomorphismen von $\hat{G}$ sind(Die sind nämlich bijektiv und abgeschlossen z.B.). Dies sieht man sehr leicht, wenn man sich daran erinnert, daß die α_k's Automorphismen der Gruppe sind, und daß die Abbildungen
$C^*(G) \longrightarrow C^*(G), f \longmapsto f \circ \alpha_k, k \in K$ bijektiv sind.

Lemma 2.19: Ist μ ein K–invariantes Maß auf $\widehat{G}$, dann stellt $\int_{\widehat{G}}^{\oplus} \rho d\mu(\rho)$ eine Äquivalenzklasse K–invarianter Darstellungen von G dar.
Beweis: Sei π ein Element aus der Äquivalenzklasse $\int_{\widehat{G}}^{\oplus} \rho d\mu(\rho)$.
Dann existiert ein Feld von Darstellungen $\epsilon \longmapsto \pi(\epsilon)$ im kanonischen Feld $\epsilon \longmapsto \mathcal{H}_\epsilon$

auf $\widehat{G}$
(Siehe [8], 8.6.1,8.6.2) mit den Eigenschaften:
(1): $\pi(\epsilon) \in \epsilon, \ \forall \epsilon \in \widehat{G}$.
(2): $\epsilon \longmapsto \pi(\epsilon)$ ist für jedes positives Maß ν auf $\widehat{G}$ meßbar.
Wir haben also $\pi = \int_{\widehat{G}}^{\oplus} \pi(\epsilon) d\mu(\epsilon)$.
Wir haben also zu zeigen: $\pi \circ \alpha_k \cong \pi, \ \forall k \in K$.
1.Für irgend ein quadratisch $\mu-$integrierbares Feld $V(\epsilon \longmapsto V(\epsilon))$ aus $(\mathcal{H}_\epsilon)_{\epsilon \in \widehat{G}}$ haben wir:
$\langle(\pi \circ \alpha_k)(g)V \mid V\rangle = \int_{\widehat{G}} \langle \pi(\epsilon)(\alpha_k(g))V(\epsilon) \mid V(\epsilon)\rangle d\mu(\epsilon)$
$= \langle(\int_{\widehat{G}}^{\oplus} (\pi(\epsilon) \circ \alpha_k) d\mu(\epsilon))(g)V \mid V\rangle, \ \forall g \in G, \forall k \in K$.
Damit gilt:$\pi \circ \alpha_k \cong \int_{\widehat{G}}^{\oplus} \pi(\epsilon) \circ \alpha_k d\mu(\epsilon), \ \forall k \in K$.
Notieren wir jetzt für ein festes k aus K $\pi'(\epsilon) := \pi(\epsilon) \circ \alpha_k$ so gilt es folgendes:
1.$\epsilon \longmapsto \pi'(\epsilon)$ stellt ja ein $\mu-$meßbares Feld.(Zum ersten haben für jedes ϵ $\pi(\epsilon)$ und $\pi'(\epsilon) = \pi(\epsilon) \circ \alpha_k$ denselben Darstellungsraum $\mathcal{H}_\epsilon$;Nun stellt für jedes $g \in G$ und jedes μ-meßbares Vektorfeld $\epsilon \longmapsto W(\epsilon)$ aus $(\mathcal{H}_\epsilon)_{\epsilon \in \widehat{G}}$ das Vektorfeld $\epsilon \longmapsto \pi(\epsilon)(\alpha_k(g))W(\epsilon)$ ein $\mu-$meßbares Vektorfeld, weil ja für jedes $g \in G$ und jedes $\mu-$meßbares Vektorfeld $\epsilon \longmapsto W(\epsilon)$ aus $(\mathcal{H}_\epsilon)_{\epsilon \in \widehat{G}}$ $\epsilon \longmapsto \pi(\epsilon)W(\epsilon)$ ein $\mu-$meßbares Vektorfeld darstellt. $\epsilon \longmapsto \pi(\epsilon)$ ist ja $\mu-$meßbar.)
2.Dank der **Bemerkung 2.19** hat man:
(i) $\eta : \widehat{G} \longrightarrow \widehat{G}, \ \epsilon \longmapsto \epsilon \circ \alpha_k^{-1}$ ist ein Borel-Isomorphismus, der wegen der $K-$Invarianz von μ, μ auf μ abbildet.
(ii)$\forall \epsilon \in \widehat{G}, \ \pi'(\eta(\epsilon)) = \pi(\eta(\epsilon)) \circ \alpha_k = \pi(\epsilon \circ \alpha_k^{-1}) \circ \alpha_k \cong \pi(\epsilon) \circ \alpha_k^{-1} \circ \alpha_k \cong \pi(\epsilon)$
$\widehat{G}$ ist ja in unserem Fall standard:
Wir haben also (Siehe [8], 8.2.3) $\pi \circ \alpha_k \cong \pi, \ \forall k \in K$. □

Bemerkung 2.20: Damit wird auch die Existenz $K-$invarianter Darstellungen bewiesen.

Satz 2.21: Für jede $K-$Bahn c in $\widehat{G}$ gilt:
(1) Es existiert ein eindeutiges(bis auf einem positiven Faktor) $K-$invariantes Wahrscheinlichkeitsmaß μ_c auf der $K-$Bahn c, gelesen als Maß auf $\widehat{G}$.
(2) $\int_{\widehat{G}}^{\oplus} \rho d\mu_c(\rho)$ stellt eine Äquivalenzklasse $K-$irreduzibler vielfachheitsfreien Darstellungen von G dar.

$\hat{G}$ sei mit der Hüllenkerntopologie versehen(Diese erzeugt dieselbe Borelsche Struktur wie die Mackey-Borelsche Struktur). ρ bezeichne ein festes Element aus $\hat{G}$. Unter diesen Bedingungen gilt:

Lemma 2.22: Die Abbildung $k \longmapsto \rho \circ \alpha_k^{-1}$ von K auf $\hat{G}$ ist stetig und also auch noch meßbar.

Beweis:

Um die Stetigkeit zu zeigen betrachtet man die Abbildung
$\psi : K \longrightarrow \widehat{C^*(G)}, k \longmapsto \rho \circ \alpha_k^{-1}$,
wobei ρ die zu ρ entsprechende nicht-degenerierte irreduzible Darstellung von $C^*(G)$ bezeichnet.
Sei T abgeschlossene Teilmenge von $\widehat{C^*(G)}$, wir möchten zeigen, daß $\psi^{-1}(T)$ abge-

schlossen in K ist. T abgeschlossen heißt, die Kerne der Elemente von T sind die einzigen primitiven Ideale von $C^*(G)$, die eine bestimmte Teilmenge P von $C^*(G)$ enthalten.
Setzen wir $A := \psi^{-1}(T) = \{k \in K / Kern(\rho \circ \alpha_k^{-1}) \supseteq P\}$
Sei $(k_n)_{n\in\mathbb{N}} \subseteq A$ mit $\lim_{n\longrightarrow\infty} k_n = k_0$, wir möchten zeigen, daß $k_0 \in A$.
$Kern(\rho \circ \alpha_{k_0}^{-1}) \not\supseteq P \Longrightarrow \exists p_0 \in P$ mit $p_0 \notin Kern(\rho \circ \alpha_{k_0}^{-1})$.
Dies heißt $(\rho \circ \alpha_{k_0}^{-1})(p_0) \neq 0$, das heißt wieder $\rho(t_{k_0^{-1}}(p_0)) \neq 0$.
$\rho : C^*(G) \longrightarrow L(H)$ ist ein C^*-Algebren Morphismus also stetig:
Nehmen wir eine offene Umgebung V von $\rho(p_0 \circ \alpha_{k_0})$, die den Nulloperator nicht enthält: $\exists U_{p_0\circ\alpha_{k_0}} \subseteq C^*(G)$ so daß $\forall f \in U_{p_0\circ\alpha_{k_0}}, \rho(f) \in V$, also $\rho(f) \neq 0$.
Aber $k_n \longrightarrow k_0 \Longrightarrow t_{k_n}(p_0) \longrightarrow t_{k_0}(p_0)$: Wir haben nämlich:

$\exists N_0$ so daß $\forall n_0 \geqq N_0, p_0 \circ \alpha_{k_{n_0}} \in U_{p_0\circ\alpha_{k_0}}$ also $\rho(p_0 \circ \alpha_{k_{n_0}}) \neq 0$ also
$Kern(\rho \circ \alpha_{k_{n_0}}^{-1}) \not\supseteq P$ also Widerspruch zu $k_{n_0} \in \psi^{-1}(T)$!!!
Damit ist also die Stetigkeit unserer Abbildung Bewiesen. □

c bezeichne hier die $K-$Bahn von ρ in $\hat{G}$:
Wir benennen dann μ_c das auf c eindeutig bestimmte $K-$invariante Wahrscheinlichkeitsmaß, das als Maß auf $\hat{G}$ gelesen wird, wenn ein solches existiert. Das ist der Fall zum Beispiel, wenn $\hat{G}$ als T_1-Raum vorausgesetzt wird. In diesem Fall nämlich bekommt man dank dem Lemma 2.22, daß die Fixgruppe K_ρ von ρ in K abgeschlossen ist, und dann wird μ_c als Übertragung des auf K/K_ρ durch Prinzipien der harmonischen Analysis definierten $K-$invarianten Maßes dank der Bijektion zwischen K/K_ρ und c erhalten.
Für ein solches μ_c also gilt:

Satz 2.23: $\int_{\hat{G}}^{\oplus} \rho d\mu_c(\rho)$ stellt eine Äquivalenzklasse $K-$irreduzibler vielfachheitsfreien Darstellungen von G dar.

Beweis: Laut dem Satz 8.6.5(i)[8] auf Gruppenebene gelesen stellt $\int_{\hat{G}}^{\oplus} \rho d\mu_c(\rho)$ eine Äquivalenzklasse vielfachheitsfreier Darstellungen von G, die wegen der $K-$Invarianz von μ_c und dank dem Lemma 2.19 $K-$invariant ist.
Sei π ein Element aus $\int_{\hat{G}}^{\oplus} \rho d\mu_c(\rho)$:
Wie beim Beweis vom Lemma 2.19 kommt man zu: $\pi = \int_{\hat{G}}^{\oplus} \pi(\rho) d\mu_c(\rho)$.
Sei jetzt π' eine $K-$invariante Teildarstellung von π:
Nach [8], 8.4.5 gibt es ein Maß μ' auf $\widehat{G}$, das zu μ_c absolutstetig ist, so daß:
$\pi' = \int_{\hat{G}}^{\oplus} \pi(\rho) d\mu'(\rho)$. Wir dürfen hier annehmen, μ' sei $K-$invariant(Wenn es nicht der Fall wäre, hätten wir dank der $K-$Invarianz von π' $\mu' \cong \mu'_k$, $\forall k \in K$, wobei μ'_k das Bild von μ' unter $\rho \longmapsto \rho \circ \alpha_k^{-1}$ bezeichnet. Mit $\mu'_0 := \int_K \mu'_k dk$ hätten wir dann ein $K-$invariantes Maß, das zu μ' äquivalent ist.)
Wir haben $\mu'(\widehat{G} \setminus c) = 0$ und daraus folgt: $\mu' = \alpha\mu_c$ für ein positives α. $\pi = \pi'$ und somit ist also π $K-$irreduzibel. □

Bemerkung 2.24: Damit wird auch unter diesen Bedingungen die Existenz $K-$irreduzibler Darstellungen gezeigt.

Die Bijektion zwischen den $K-$Bahnen in $\widehat{G}$—$K-$irreduziblen Darstellungen.

Für das weitere bezeichne $C := \widehat{G}/K$ die Menge aller $K-$Bahnen in $\widehat{G}$, $p : \widehat{G} \longrightarrow C$ die kanonische Projektion und $\widehat{G}_K$ die Menge der Äquivalenzklassen $K-$irreduzibler Darstellungen. Für jedes $c \in C$ bezeichne μ_c das eindeutig bestimmte $K-$invariante Wahrscheinlichkeitsmaß auf c, als Maß auf $\widehat{G}$ gelesen(Wir nehmen hier weiterhin an, die Bedingungen der Existenz eines solchen Maßes seien erfüllt). Dann gilt:

Satz 2.25: Falls die $K-$Bahnen in $\widehat{G}$ abgeschlossen sind, ist die Abbildung ϕ : $\widehat{G}/K \longrightarrow C$,
$c \longmapsto \int_{\widehat{G}}^{\oplus} \rho d\mu_c(\rho)$ ist eine Bijektion

Beweis:-Dank 8.6.5(i)in [8] gilt: $\forall c_1 \neq c_2 \in C : \int_{\widehat{G}}^{\oplus} \rho d\mu_{c_1}(\rho) \ncong \int_{\widehat{G}}^{\oplus} \rho d\mu_{c_2}(\rho)$ denn $\mu_{c_1} \ncong \mu_{c_2}$
Damit ist ja ϕ injektiv.
Sei jetzt $\pi \in \widehat{G}_K$ gegeben und sei $\pi \cong \int_{\widehat{G}}^{\oplus} \rho d\mu(\rho)$ die zentrale Zerlegung von π.Wir beachten dabei, daß π vielfachheitsfrei ist, und dank [8], 8.6.5 (iii) dürfen wir annehmen, daß μ ein Wahrscheinlichkeitsmaß ist. Außerdem dürfen wir wieder annehmen(Beweis vom Satz 2.23), daß μ $K-$invariant ist.
Wir führen jetzt eine Desintegration des Maßes μ relativ zum Bildmaß ν von μ unter der Abbildung $p : \widehat{G} \longrightarrow C$ durch. Dazu beachten wir, daß der Standard-Borel-Raum $\widehat{G}$ als Borelscher Raum erzeugt wird von ab¨zählbar vielen punktetrennenden Borelschen Mengen. Überdies besitzt $\widehat{G}$ als topologischer Raum eine abzählbare Basis $(O_j)_{j\in\mathbb{N}}$ (Siehe [8], 3.3.4). Weil $\widehat{G}$ ein T_0-Raum ist(Siehe [8], 4.4.1), trennt die abzählbare Basis $(O_j)_{j\in\mathbb{N}}$ die Punkte von $\widehat{G}$. Weil die Abbildungen $\widehat{G} \longrightarrow \widehat{G}$, $\rho \longmapsto \rho \circ \alpha_k^{-1}$, $k \in K$, offen sind(Siehe Bemerkung 2.18), ist die Abbildung p offen. Folglich ist $(O_j)_{j\in\mathbb{N}}$ ein System offener Mengen für die Quotiententopologie auf C. Diese abzählbare System trennt die Punkte von C; die $K-$Bahnen in $\widehat{G}$ sind nämlich nach Voraussetzung abgeschlossen, so daß für verschiedene Punkte $c_1, c_2 \in C$ stets $p^{-1}(\{c_1\})$ in $\widehat{G}$ abgeschlossen ist und folglich ein $j \in \mathbb{N}$ existiert mit $c_2 \in p(O_j) \subseteq C \setminus c_1$. C ist dadurch ein abzählbar separierender Raum.
Damit sind die Voraussetzungen von $[18], Th.4.5$ mit $X := \widehat{G}$, $Y := C$ und $\omega := p$ erfüllt; also existiert eine Borel-meßbare Familie $(\widetilde{\mu}_c)_{c\in C}$ endlicher positiver Maße auf $\widehat{G}$ mit:

(a)$\widetilde{\mu}_c(\widehat{G} \setminus p^{-1}(\{c\})) = 0$ für jedes $c \in C$,
(b)$\int_{\widehat{G}} f(\rho)g(p(\rho))d\mu(\rho) = \int_C g(c) \int_{\widehat{G}} f(\rho)d\widetilde{\mu}_c(\rho)d\nu(c)$
für alle beschränkten Borel-meßbaren Funktionen f und g auf $\widehat{G}$ bzw. C.
Wir zeigen jetzt, daß ν ein Punktmaß ist. Wäre ν kein Punktmaß, so könnten wir C in zwei disjunkte Teilmengen C_1, C_2 zerlegen mit
$\nu(C_1), \nu(C_2) > 0$.
Auf $\widehat{G}$ definieren wir nun die positiven Maße:
$\mu_1 : f \longmapsto \int_{C_1} \widetilde{\mu}_c(f)d\nu(c)$ und $\mu_2 : f \longmapsto \int_{C_2} \widetilde{\mu}_c(f)d\nu(c)$.
Es gilt $\mu_1 + \mu_2 = \mu$ und wegen $\mu_1(p^{-1}(C_2)) = 0$ und $\mu_2(p^{-1}(C_1)) = 0$ sind μ_1 und μ_2 zueinander singulär. μ_1 und μ_2 sind aber auch $K-$invariant; denn für i=1,2 und $k \in K$ gilt wegen der $K-$Invarianz von μ und wegen (b) mit $g := \chi_{C_i}$(charakteristiche Funktion von C_i) die Beziehung:

$$\int_{\widehat{G}} f(\rho)d\mu_i(\rho) = \int_C \chi_{C_i}(c) \int_{\widehat{G}} f(\rho)d\widetilde{\mu}_c(\rho)d\nu(c) = \int_{\widehat{G}} f(\rho)\chi_{C_i}(p(\rho))d\mu(\rho)$$
$$= \int_{\widehat{G}} f(\rho \circ \alpha_k^{-1})\chi_{C_i}(p(\rho))d\mu(\rho) = \int_{\widehat{G}} f(\rho \circ \alpha_k^{-1})d\mu_i(\rho)$$

Also sind die Darstellungen $\pi_i := \int_{\widehat{G}}^{\oplus} \rho d\mu_i(\rho)$, $i = 1, 2$ nach unserem Lemma 2.19 $K-$invariant, und es gilt:

$$\pi = \pi_1 \oplus \pi_2$$

im Widerspruch zur $K-$Irreduzibilität von π.
Demnach ist ν ein Punktmaß; d.h. es existiert ein $c_0 \in C$ mit $\nu = \delta_{c_0}$(Dirac-Maß im Punkt c_0).
Also gilt nach (b) mit $g \equiv 1$:

$$\mu(f) = \int_{\widehat{G}} f(\rho)d\widetilde{\mu}_{c_0}(\rho) = \widetilde{\mu}_{c_0}(f)$$

Mit (a) ergibt sich, daß μ ein Maß auf der $K-$Bahn c_0 ist, also das $K-$invariante Wahrscheinlichkeitsmaß μ_{c_0} auf c_0. Damit ist $\pi = \phi(c_0)$ gezeigt. □

2.10 $K-$Radiale Vektoren.

Ausgehend von einer unitären stetigen Darstellung π der Gruppe G, führen wir folgenden Begriff ein:
Definition 2.27:
Ein Vektor v aus der Darstellungsraum von π, $\mathcal{H}_\pi$, wird $K-$radial genannt, wenn die entsprechende Koeffizientfuntion:
$\varphi : G \longrightarrow G,\ g \longmapsto \langle \pi(g)v \mid v \rangle$
invariant unter der Wirkung von K bleibt, das heißt die Gleichung:
$\varphi(g) = \varphi(\alpha_k(g)), \forall g \in G, \forall k \in K$ erfüllt.

Aus dieser Gleichung kann man schon folgendes schließen:
Besitzt die Darstellung π einen zyklischen $K-$radialen Vektor, so ist sie $K-$invariant, das heißt äquivalent zu den $\pi \circ \alpha_k, \forall k \in K$.
Aus $\varphi = \varphi \circ \alpha_k$ folgt nämlich die Äquivalenz der entsprechenden Darstellungen π und $\pi \circ \alpha_k$ und dies für alle k aus K.(Siehe [8], Proposition 2.4.1)
Wir beschäftigen uns jetzt mit der Frage, ob eine $K-$invariante Darstellung automatisch einen zyklischen $K-$radialen Vektor besitzen muß.
Dafür betrachten wir zuerst irreduzibel Darstellungen, die $K-$invariant sind, und da noch behandeln wir zuerst den Fall einer Gruppe, die auf sich selbst durch innere Automorphismen wirkt.

2.10.1 Irreduzible $K-$invariante Darstellungen.

1. Ergebnis

Wie angekündigt betrachten wir zuerst $K-$invariante Darstellungen, die irreduzibel sind.

Wir gehen also von $(\pi, \mathcal{H})$ nicht triviale irreduzible Darstellung aus, die der Eigenschaft
$\pi \circ \alpha_k^{-1} \cong \pi, \forall k \in K$ erfüllt.
Dies heißt: $\forall k \in K, \exists A_k : \mathcal{H} \longrightarrow \mathcal{H}$ unitäre mit
$A_k \circ (\pi \circ \alpha_k^{-1}) = \pi \circ A_k$.
Wäre $V \neq 0$ aus $\mathcal{H}$ ein $K-$radialer Vektor für π, würde folgendes gelten:
$\langle \pi(g)V \mid V \rangle = \langle \pi[\alpha_k^{-1}(g)]V \mid V \rangle, \forall g \in G, \forall k \in K$.
Das heißt $\langle \pi[\alpha_k^{-1}(g)]V \mid V \rangle = \langle A_k^{-1} \circ \pi(g) \circ A_k V \mid V \rangle$
$= \langle \pi(g)A_k V \mid A_k V \rangle = \langle \pi(g)V \mid V \rangle, \forall k \in K, \forall g \in G$.
Aber $\langle \pi(g)A_k V \mid A_k V \rangle = \langle \pi(g)V \mid V \rangle$ ist damit äquivalent, daß
$\forall k \in K, \exists \lambda_k \in \mathbb{C}$ mit $\mid \lambda_k \mid = 1$ so daß $A_k V = \lambda_k V$, [8], Prop. 2.5.7.
Daraus folgt: Ist π eine stetige unitäre irreduzible $K-$invariante Darstellung von G, und ist V ein von Null verschiedener $K-$radialer Vektor für sie, so muß folgendes gelten:
Für irgend ein k aus K und für irgend einen Verkeltungsoperator A_k von π und $\pi \circ \alpha_k^{-1}$, ist V ein Eigenvektor von A_k(Der entsprechende Eigenwert ist natürlich vom Betrag 1).

G wirkt auf sich selbst durch Konjugation.

In diesem Abschnitt nehmen wir an, unsere lokal-kompakte Gruppe G vom Typ I wirke auf sich selbst durch innere Automorphismen.(G also kompakt vorausgesetzt hier.)
In diesem Fall müssen wir zuerst folgende Bemerkung machen:
Wenn σ_g den zu $g \in G$ entsprechenden inneren Automorphismus von G bezeichnet, gilt dann für irgend eine stetige unitäre Darstellung π:
$\pi \circ \sigma_g^{-1} \cong \pi$, $\forall g \in G$. Das heißt, daß jede stetige unitäre Darstellung von G in diesem Fall $G-$invariant ist.
Dies folgt aus folgender Gleichung:
$(\pi \circ \sigma_g^{-1})(a) = \pi(\sigma_g^{-1}(a)) = \pi(g^{-1}ag) = \pi(g^{-1})\pi(a)\pi(g), \forall g \in G, \forall a \in G$.
$\pi(g)$ ergibt sich aus dieser Gleichung als Verkettungsoperator von π und $\pi \circ \sigma_g^{-1}$.
Satz 2.28:
Solange die betrachtete irreduzibel $G-$invariante Darstellung nicht eine höhere Dimension als 1 hat, gibt es keinen $G-$radialen Vektor!

Beweis:
Sei also ρ eine stetige unitäre irreduzibel Darstellung von G: Sie ist ja $G-$irreduzibel und wir nehmen also an, der Vektor $V(V \neq 0)$ aus ihren Darstellungsraum sei ein $G-$radialer Vektor: Dann müßte er Eigenvektor von allen $\pi(g), g \in G$ sein(Dies aus zwei unserer früheren Überlegungen: Der Fall eines $K-$radialen Vektores bei einer Irreduziblen Darstellung und, die $\pi(g)$'s können ja als Verkettungsoperatoren angesehen werden). Da wir aber einen zyklischen Vektor wünschen, folgt daraus daß der Darstellungsraum eindimensional sein muß, damit diese Bedingung erfüllt wird! Wenn ihr Darstellungsraum nicht eindimensional ist, besitzt also unsere irreduzible Darstellung keinen $G-$radialen Vektor! □

Um vollständig zu sein soll man auch hier folgenden Fall erwähnen: K wirke auf G durch innere Automorphismen. In diesem Fall betrachten wir wieder irreduzible $K-$invariante stetige unitäre Darstellungen π von G. Es gilt:

$\pi \cong \pi \circ \alpha_k, \forall k \in K$. Es gilt auch folgendes:
$\forall k \in K, \exists a_k \in G$, so daß $\forall g \in G, \alpha_k(g) := a_k g a_k^{-1}$
Somit dürfen wir schreiben:
$(\pi \circ \alpha_k)(g) = \pi(a_k g a_k^{-1}) = \pi(a_k)\pi(g)\pi(a_k)^{-1}, \forall g \in G, \forall k \in K$.
Die $\pi(a_k)$'s erweisen sich hier als Verkettungsoperatoren und ein $K-$radialer Vektor müßte wieder hier Eigenvektor dieser Operatoren sein.

2.10.2 $K-$invariante Darstellungen und $K-$radiale Vektoren.

Nicht irreduzible $K-$irreduzible Darstellungen.

Wir wenden uns jetzt dem Fall einer $K-$irreduziblen Darstellung zu, die aus Konstruktionsgründen folgender Weise ausgedrückt wird:
$\pi := \int_{\hat{G}}^{\oplus} \rho d\mu(\rho)$, wobei μ das Bildmaß vom Haarschen Maß von K unter einer Abbildung $k \longmapsto \rho \circ \alpha_k$ auf $\hat{G}$ ist.
Satz 2.29:
Arbeiten wir mit einer unitären irreduziblen nicht $K-$invarianten Darstellung ρ, so daß die Abbildung $k \longmapsto \rho \circ \alpha_k$injektiv ist, so ist ein Vektor der Form $\int_K^{\oplus} f dk$ ein $K-$radialer Vektor für $\int_K^{\oplus} \rho \circ \alpha_k dk$, wobei f ein von Null verschiedener Vektor aus dem Darstellungsraum von ρ ist. In diesem Fall($k \longmapsto \rho \circ \alpha_k$ injektiv) ist folgendes gültig:
$\int_K^{\oplus} \rho \circ \alpha_k dk \cong \int_{\hat{G}}^{\oplus} \rho d\mu(\rho)$, so daß wir auch schließen dürfen, daß die zweite $K-$irreduzible Darstellung einen radialen Vektor besitzt.
Beweis:
$\langle \int_K^{\oplus}(\rho \circ \alpha_k)(\alpha_{k_0}(g))dk(\int_K^{\oplus} f dk) \mid \int_K^{\oplus} f dk\rangle$
$= \langle \int_K^{\oplus} \rho \circ \alpha_k(\alpha_{k_0}(g))(\int_K^{\oplus} f dk) \mid \int_K^{\oplus} f dk\rangle$
$= \langle \int_K^{\oplus} \rho \circ \alpha_k(\alpha_{k_0}(g)) f dk \mid \int_K^{\oplus} f dk\rangle$
$= \int_K \langle \rho \circ \alpha_k(\alpha_{k_0}(g)) f \mid f\rangle dk$
$= \int_K \langle \rho \circ \alpha_{kk_0}(g) f \mid f\rangle dk$
$= \int_K \langle \rho \circ \alpha_k(g) f \mid f\rangle dk$
$= \langle \int_K^{\oplus}(\rho \circ \alpha_k dk)(g)(\int_K^{\oplus} f dk) \mid \int_K^{\oplus} f dk\rangle, \forall g \in G, \forall k_0 \in K$. $\square$
Hier hat nur die Rechts-Invarianz des Haar-Maßes dk eine Rolle gespielt, so daß wir folgenden Schluß ziehen dürfen:
Auch für ein ρ aus $\widehat{G}$, so daß die Abbildung $k \longmapsto \rho \circ \alpha_k$ nicht injektiv ist, gilt:
$\forall f \neq 0$ aus $\mathcal{H}_\rho$, ist $\int_K^{\oplus} f dk$ ein $K-$radialer Vektor für die Darstellung $\int_K^{\oplus} \rho \circ \alpha_k dk$, die aber wegen Vielfachheiten nicht mehr zu $\int_{\widehat{G}}^{\oplus} \rho d\mu(\rho)$ äquivalent ist.

2.10.3 Der Fall von $\int_K^{\oplus} \rho \circ \alpha_k dk$.

Zur Erinnerung betrachten wir eine lokal-kompakte Gruppe G vom Typ I mit abzählbarer Basis also postliminär.

Satz 2.30: $\forall \rho \in \widehat{G}$ ist $\pi := \int_K^{\oplus} \rho \circ \alpha_k dk$ quasi-äquivalent zu einer vielfachheitsfreien $K-$invarianten Darstellung.

Beweis: Der wird in zwei Teilen ausgeführt.

1. Der Träger von π ist $\overline{K.\rho}$

Folgende Überlegung wird auf der Stufe der C^*-Algebra der Gruppe G geführt; Wir betrachten also damit die zu π und ρ entsprechenden Darstellungen von $C^*(G)$. Nach 8.6.8(i) in [8] wissen wir ja, daß der Träger von π aus den in π schwach enthaltenen irreduziblen Darstellungen besteht.

Der Träger von π $Trg\ \pi$ liegt in $\overline{K.\rho}$

Sei $\lambda \in Trg\ \pi$: Nehmen wir an, $\lambda \notin \overline{K.\rho}$.
Dies heißt:
$\exists x_0 \in C^*(G)$, so daß $\lambda(x_0) \neq 0$ aber, $(k.\rho)(x_0) = 0,\ \forall k \in K$.
Natürlich gilt also auch: $k.\rho(x_0^* x_0) = 0,\ \forall k \in K$.
Für ein beliebiges Vektorfeld $V = \int_K^{\oplus} V(k)dk$ aus $\int_K^{\oplus} \mathcal{H}_\rho dk$ gilt:
$(\pi(x_0^* x_0)V \mid V) = \int_K ((k.\rho)(x_0^* x_0)V(k) \mid V(k))dk = (\pi(x_0 V \mid \pi(x_0)V) = 0$.
Damit hätten wir also $\pi(x_0) = 0$ und $\lambda(x_0) \neq 0$, was ja ein Widerspruch zu λ schwach enthalten in π ist!
Somit erhalten wir das gewünschte Ergebnis: $Trg\ \pi \subseteq \overline{K.\rho}$

$\overline{K.\rho} \subseteq Trg\ \pi$.

Nehmen wir an, $\overline{K.\rho}$ liege nicht in $Trg\ \pi$:
Dies würde heißen, es existiert ein λ aus $\overline{K.\rho}$, das nicht in $Trg\ \pi$ liegt!
Dies würde wiederum heißen, es gäbe ein x_0 aus $C^*(G)$, so daß $\pi(x_0) = 0$ und $\lambda(x_0) \neq 0$!
Nach [8], 3.3.2 ist die Abbildung
$\widehat{C^*(G)} \longrightarrow \mathbb{R},\ \sigma \longmapsto \parallel \sigma(x_0^* x_0) \parallel$
von unten halbstetig.
Daraus folgt die Existenz einer offenen Umgebung U von λ, so daß für alle α aus U, $\parallel \alpha(x_0^* x_0) \parallel > 0$.
Nun ist ja die Abbildung $k \longmapsto k.\rho$ stetig von K nach $\widehat{C^*(G)}$(Siehe bitte):
Somit existiert auch eine offene Umgebung V in K, so daß:
$\parallel k_0.\rho(x_0^* x_0) \parallel > 0,\ \forall k_0 \in V$.
Sei jetzt $\{e_i / i \in \mathbb{N}\}$ eine abzählbare dichte Familie aus $\mathcal{H}_\rho$(Das ja separabel ist!):
Für die entsprechenden konstanten Vektorfelder $\overline{e_i} = \int_K^{\oplus} e_i dk,\ i \in \mathbb{N}$ gilt:
$(\pi(x_0)\overline{e_i} \mid \pi(x_0)\overline{e_i}) = 0 = \int_K (k.\rho(x_0)e_i \mid e_i)dk,\ \forall i \in \mathbb{N}$.
Dies sollte mit $(k.\rho(x_0)e_i \mid k.\rho(x_0)e_i) > 0\ \forall i$ auf V offen in K gelten: Widerspruch!
Somit erhalten wir also: $\overline{K.\rho} \subseteq Trg\ \pi$.

2. Zum Schluß

Jetzt möchten wir zum Schluß kommen:
Wir haben ja $\pi = \int_K^{\oplus} \rho \circ \alpha_k dk$:

Aus 8.6.6 Theorem [8] folgt:
$\pi \cong \int^{\oplus} \xi d\mu_1(\xi) \bigoplus 2 \int^{\oplus} \xi d\mu_2(\xi) \bigoplus ... \bigoplus \aleph_0 \int^{\oplus} \xi d\mu_\infty(\xi)$.
Die μ_i sind dabei miteinander disjunkt; Wegen der $K-$Invarianz von π können wir folgendes schließen:
$\pi \circ \alpha_k^{-1} \cong \int^{\oplus}(\xi \circ \alpha_k^{-1}) d\mu_1(\xi) \bigoplus ... \bigoplus \aleph_0 \int^{\oplus}(\xi \circ \alpha_k^{-1}) d\mu_\infty(\xi), \ \forall k \in K$.
Dies heißt noch:
$\pi \circ \alpha_k^{-1} \cong \int^{\oplus} \xi d\mu_1^k(\xi) \bigoplus ... \bigoplus \aleph_0 \int^{\oplus} \xi d\mu_\infty^k(\xi), \ \forall k \in K$, wobei die μ_i^k die Bildmaße der μ_i unter die Abbildung $\xi \longmapsto \xi \circ \alpha_k^{-1}$ bezeichnen.
Aus $\pi \cong (\pi \circ \alpha_k^{-1}), \ \forall k \in K$, und 8.6.6(ii)[8] folgt:
μ_i und μ_i^k sind äquivalent für alle k aus K!
Dann ist für jedes i=1,...∞ das Maß $\mu_i^\infty := \int_K \mu_i^k dk$ ein $K-$invariantes Maß, das zu μ_i äquivalent ist!
Damit erhalten wir folgendes:
$\pi \cong \int^{\oplus} \xi d\mu_i^\infty(\xi) \bigoplus ... \bigoplus \aleph_0 \int^{\oplus} \xi d\mu_\infty^\infty(\xi)$

Nun folgende Betrachtungen:
Die Maßklasse von π auf $\widehat{G}$ ist also die von $\mu = \mu_1^\infty + ... + \mu_\infty^\infty$. Der Träger von μ ist aber jetzt genauo wegen [8], 8.6.9 $Trg\pi = \overline{K.\rho}$, wie wir es am Anfang dieses Abschnittes gezeigt haben:
Daraus folgt also: $\mu_j^\infty \neq 0$ nur für ein $j \in \{1, ..., \aleph_0\}$ und $\pi \cong j \int_{\widehat{G}}^{\oplus} \xi d\mu_j^\infty(\xi)$, woraus also folgt schon die Quasi-Äquivalenz von π und $\int_{\widehat{G}}^{\oplus} \xi d\mu_j^\infty(\xi)$.$\square$

2.10.4 Bezüglich des radialen Vektores von $\int_K^{\oplus} \rho \circ \alpha_k dk$

Hier nehmen wir an, der radiale Vektor von $\int_K^{\oplus} \rho \circ \alpha_k dk =: \pi$ sei nicht zyklisch; wir schränken uns dann auf den Teilraum von π für den der Vektor zyklisch ist, und ziehen dann die Folgen!
Zur Erinnerung waren wir zum Schluss gekommen, die vielfachheitsfreie $K-$invariante Darstellung $\rho_K := \int_{\widehat{G}}^{\oplus} \xi d\mu_j^\infty(\xi)$ ist quasi-äquivalent zu
$\int_K^{\oplus} \rho \circ \alpha_k dk = \pi$(Für diese letzte ist $V := \int_K^{\oplus} f dk$ ein $K-$radialer Vektor, wobei $f \in \mathcal{H}_\rho, f \neq 0.$).
Unter der Annahme V sei nicht zyklisch betrachten wir die Einschränkung π_V von π auf dem von $\pi(G)V$ erzeugten invarianten Raum. Einerseits ist V ja ein zyklischer $K-$radialer Vektor von π_V und daraus folgt die $K-$Invarianz von π_V; andererseits ist $\pi \cong \alpha \rho_K$ und damit äquivalent zu $\alpha \int_{\widehat{G}}^{\oplus} \xi d\mu_\rho(\xi)$
(Hier wird μ_j^∞ einfach μ_ρ notiert.), wobei $\alpha \in \{1, 2, ..., \aleph_0\}$.
Weil π_V eine $K-$invariante Teildarstellung von π ist, enthält die Maßklasse von π_V ein $K-$invariantes Maß μ_V, das absolut stetig bzgl. μ ist.([8], Proposition 8.4.5)
Falls nun ρ_K die aus ρ gewonnene $K-$irreduzible Darstellung ist(Das heißt, falls μ_ρ das auf der $K-$Bahn von ρ eindeutig bestimmtes Wahrscheinlichkeitsmaß bezeichnet, das als Maß auf $\hat{G}$ gelesen wird. Siehe Satz 2.23), kann man folgender Weise weitermachen:
Das Maß μ_ρ wird hier von einer einzigen $K-$Bahn getragen; Daraus muß $\mu_V = \lambda\mu$ mit einem $\lambda > 0$ gelten.
Folglich ist π_V äquivalent zu einem Vielfachen von ρ_K:
Aus [8], Theorem 8.6.6 folgt:

$\pi_V \cong \int^{\oplus} \xi d\mu_1(\xi) \bigoplus 2 \int^{\oplus} \xi d\mu_2(\xi) \bigoplus ... \bigoplus \aleph_0 \int^{\oplus} \xi d\mu_\infty(\xi)$.
Die μ_i sind dabei miteinander disjunkt; Wegen der $K-$Invarianz von π_V können wir folgendes schließen:
$\pi_V \circ \alpha_k^{-1} \cong \int^{\oplus} (\xi \circ \alpha_k^{-1}) d\mu_1(\xi) \bigoplus ... \bigoplus \aleph_0 \int^{\oplus} (\xi \circ \alpha_k^{-1}) d\mu_\infty(\xi)$, $\forall k \in K$.
Dies heißt noch:
$\pi_V \circ \alpha_k^{-1} \cong \int^{\oplus} \xi d\mu_1^k(\xi) \bigoplus ... \bigoplus \aleph_0 \int^{\oplus} \xi d\mu_\infty^k(\xi)$, $\forall k \in K$, wobei die μ_i^k die Bildmaße der μ_i unter die Abbildung $\xi \longmapsto \xi \circ \alpha_k^{-1}$ bezeichnen.
Aus $\pi_V \cong (\pi_V \circ \alpha_k^{-1})$, $\forall k \in K$, und 8.6.6(ii)[8] folgt:
μ_i und μ_i^k sind äquivalent für alle k aus K!
Dann ist für jedes i=1,...∞ das Maß $\mu_i^\infty := \int_K \mu_i^k dk$ ein $K-$invariantes Maß, das zu μ_i äquivalent ist!
Damit erhalten wir folgendes:
$\pi_V \cong \int^{\oplus} \xi d\mu_i^\infty(\xi) \bigoplus ... \bigoplus \aleph_0 \int^{\oplus} \xi d\mu_\infty^\infty(\xi)$
π_V ist quasi-äquivalent zu $\int_{\widehat{G}}^{\oplus} \xi d\mu_\rho(\xi)$ und die Maße μ_i^∞ sind ja miteinander disjunkt also folgt:
μ_i^∞ und μ_ρ äquivalent für ein $i = j$ und für $i \neq j$ gilt $\mu_i^\infty = 0$! Folglich hat man:
$\pi_V \cong j \int_{\widehat{G}}^{\oplus} \xi d\mu_j^\infty(\xi) = j \int_{\widehat{G}}^{\oplus} \xi d\mu_\rho(\xi)$, also π_V ist ein Vielfach von ρ_K.
-Der Fall $j = \infty$ heißt $\pi_V = \pi$, was also V zyklisch(und ja $K-$radial) für π bedeutet: Wir haben ja V nicht zyklisch vorausgestzt, also folglich bleit uns die Fälle j endlich! Wenn $\pi_V \cong \rho_K(j = 1)$, dürfen wir sofort auf die Existenz eines zyklischen $K-$radialen Vektors für diese Darstellung ρ_K schliessen! Sonst folgt daraus die Existenz für ρ_K eines zyklischen Vektors von dem wir aber nicht wissen, ob er $K-$radial ist oder nicht! Dies erfolgt folgender weise:
Aus $\pi_V \cong j\rho_K$ und aus der Tatsache, daß π_V einen zyklischen $K-$radialen Vektor besitzt, schließen wir folgendes aus:
Es gibt $v = (v_1, v_2, \ldots, v_j) \in j\mathcal{H}_{\rho_K}$, wobei $v_i \in \mathcal{H}_{\rho_K}, \forall i = 1, \ldots, j$, so daß:
$g \longmapsto \sum_{i=1}^{j} \langle \rho_K(g) v_i \mid v_i \rangle$ eine $K-$invariante positiv definite Funktion darstellt!
$(v_1, \ldots, v_j)$ zyklisch für $j\rho_K$ also sind die $v_i, i = 1, ..., j$ zyklische Vektoren für ρ_K(Man betrachtet dafür die Elemente der Form $(v, 0, ..., 0)$(und dann (0,v,0...,0),...u.s.w) aus $j\mathcal{H}_K$: Die werden auch als Limes linearer Kombinationen der Bilder von $(v_1, ..., v_j)$ erhalten; Daraus folgen wir, die v_i sind zyklisch in $\mathcal{H}_K$!), ob sie $K-$ radiale Vektoren sind, bleibt aber von den konkreten Fällen abhängig!

2.10.5 Der Fall einer gewöhnlichen $K-$invariante Darstellung

Unter unseren Bedingungen gilt folgendes:
Satz 2.31: Jede $K-$invariante Darstellung ist zu einer Darstellung quasi-äquivalent, die einen $K-$radialen Vektor besitzt.

Beweis: Ausgehend von π $K-$invarianten stetige unitäre Darstellung der gruppe aus, betrachten wir die Felder:
$k \longmapsto \mathcal{H}$ und $k \longmapsto \pi \circ \alpha_k$ (wobei $\mathcal{H}$ den Darstellungsraum von π bezeichnet.):
Es ist ja klar, daß es sich um meßbare Felder handelt, und somit dürfen wir die Darstellung:
$\lambda := \int_K^{\oplus} \pi \circ \alpha_k dk$ bilden.
Einerseits ist ja K als kompakte Gruppe ein Standardraum und somit ist λ dank [8], 8.1.7 ein Vielfache von π,
Andererseits besitzt λ einen radialen Vektor, wie wir es feststellen können:

Sei v fester Vektor aus $\mathcal{H}$. Für $f : K \longrightarrow \mathcal{H},\ k \longmapsto v$ und
$\varphi : G \longrightarrow \mathbb{C},\ g \longmapsto \langle \lambda(g) f \mid f \rangle$ gilt:
$\varphi(\alpha_{k_0}(g)) = \langle \lambda(\alpha_{k_0}(g)) f \mid f \rangle = \int_K \langle \pi(\alpha_{kk_0}(g)) v \mid v \rangle dk = \varphi(g),\ \forall g \in G,$
$\forall k \in K$, dies dank der Translationsinvarianz von dk.
Somit ist f ein radialer Vektor(K ist ja kompakt und somit dk endlich;f stellt also ein quadratisches integrierbares Feld also ein Element von $\int_K^{\oplus} \mathcal{H} dk$ dar!) für λ und π ist ja zu λ quasi-äquivalent also das Ergebnis. □

2.10.6 Wann ist eine $K-$invariante Darstellung $K-$irreduzibel?

Hier nehmen wir an, π sei eine $K-$invariante Darstellung, die einen zyklischen $K-$radialer Vektor V besitzt: Wir fragen uns, unter welchen Bedingungen(an V)die Darstellung $K-$irreduzibel ist?
Ein Theorem wie in [6], Theorem 2.3 läßt sich au unsere Situation nicht ohne weiteres übertragen; denn die Eigenschaft $g \longmapsto \langle \pi(g) V \mid V \rangle$ extremal unter den $K-$invarianten positiv definiten Funktionen(mit Wert 1 im Punkt e) verhindert nicht die Existenz einer nicht trivialen $K-$invarianten Teildarstellung für π, weil es ja $K-$invariante Darstellungen gibt, die keinen zyklischen $K-$radialen Vektor besitzen dürfen(Siehe 5.1.1 oder 5.1.2)!

Kapitel 3

Zerlegung der $K-$invarianten Darstellungen

Anfangssituation:

Für $\rho_0 \in \widehat{G}$ bezeichne: $c = K.\rho_0$ ihre $K-$Bahn in $\widehat{G}$. Ferner gelte:
$C = \left\{ c | c \ K\text{-Bahn in } \widehat{G} \right\}$
μ_c bezeichne das Bildmaß von dk unter der Abbildung $K \longrightarrow K.\rho_0 = c$, $k \longmapsto k.\rho_0$.
Das Maß μ_c ist auf $c = K.\rho_0$ konzentriert.(Kann aber als Maß auf $\widehat{G}$ betrachtet werden.)

$\varphi : \widehat{G} \longrightarrow \mathrm{Irr(G)}, \xi \longmapsto \rho(\xi) \in \xi$ sei ein meßbares Feld von Darstellungen ([8] Proposition 8.6.2).
$\pi_c := \int_{\widehat{G}}^{\oplus} \rho(\xi) d\mu_c(\xi)$ stellt nach dem Satz 2.23 eine $K-$irreduzible Darstellung dar.
Überdies $\widehat{G}/K := \{[\pi_c] | c \in C\}$ die Menge der Äquivalenz-Klassen $K-$irreduzibler Darstellungen; dabei bezeichne $[\pi_c]$ die Äquivalenz-Klasse von π_c.

Im Abschnitt 2.9 haben wir ja unter der Bedingung, daß die $K-$Bahnen in $\widehat{G}$ abgeschlossen sind, eine eineindeutige Korrespondenz zwischen $K-$Bahnen in $\widehat{G}$ und der Menge der Äquivalenz-Klassen $K-$irreduzibler Darstellungen bewiesen: $c \longmapsto \pi_c$ bijektiv

Wir beweisen jetzt das zentrale Resultat (Hauptresultat) des vorliegenden Kapitels.
Satz 3.1:
Sei G eine separable Lie-Gruppe vom Typ I. Sei K eine separable kompakte Gruppe, die auf G durch Automorphismen wirkt derart, daß alle $K-$Bahnen in $\widehat{G}$ abgeschlossen sind.
Sei π eine $K-$ invariante Darstellung in einem separablen Hilbert-Raum :
Dann existiert ein endliches Maß ν auf C, sowie Vielfachheiten
$m_c \in \{1, 2, 3, ..., \aleph_0\}, c \in C$, so daß gilt:
$\pi \cong \int_C^{\oplus} m_c \pi_c d\nu(c)$

Bevor wir mit dem Beweis dieses Satzes anfangen, beweisen wir einige Lemmata, die für das Weitere nützlich sind.

Lemma 3.2:

Sei eine Darstellung π der Form $\pi = \int_C^{\oplus} m_c \pi_c d\nu(c)$ gegeben:

a) Ist π vielfachheitenfrei, so gilt $\pi \cong \int_C^{\oplus} \pi_c d\nu(c)$

b) Sei π' eine zu π disjunkte Darstellung der Form $\pi' = \int_C^{\oplus} \pi_c d\nu'(c)$, so sind die Maße ν und ν' zueinander singulär.

Beweis:

a) Es genügt zu zeigen, daß $C' := \{c \in C | m_c > 1\}$ eine $\nu-$Nullmenge ist.

Ansonsten hätte man:
$\pi \cong \int_C^{\oplus} (m_c - 1)\pi_c d\nu(c) \oplus \int_C^{\oplus} \pi_c d\nu(c)$
Jetzt ist aber $\int_{C'}^{\oplus} \pi_c d\nu(c)$ eine nichttriviale Teildarstellung von $\int_C^{\oplus} (m_c - 1)\pi_c d\nu(c)$ und $\int_C^{\oplus} \pi_c d\nu(c)$; Also wäre die Darstellung π nicht vielfachheitenfrei(Siehe [8],5.4.4(ii))

b) Wenn ν und ν' nicht zueinander singulär wären, würden ein zu ν singuläres Maß σ und eine Funktion g auf C existieren, so daß
$\nu' = g\nu + \sigma$ (Siehe [3], Theorem 4.3.1)
Da g keine $\nu-$Nullfunktion ist, gilt für ein hinreichende kleines positives $\epsilon < 1$:
$\nu(P) > 0$, wobei für $P := \{x | g(x) > \epsilon\}$.

$\chi_P . \nu \leq \frac{1}{\epsilon} g . \nu$ also $\epsilon . \chi_P . \nu \leq g . \nu \leq \nu'$.
Für $\rho := \epsilon . \chi_P . \nu$ gilt:

$\int_C^{\oplus} \pi_c d\rho(c)$ stellt eine Teildarstellung von $\int_C^{\oplus} \pi_c d\nu'(c)$ und von $\int_C^{\oplus} \pi_c d\nu(c)$, was ein Widerspruch zur Disjunktheit von π und π' darstellt.
ν und ν' sind also zueinander singulär. $\Box$

Lemma 3.3:

Seien $(\nu_n)_{n \in \mathbb{N} \cup \{\aleph_0\}}$ endliche Maße, die paarweise zueinander singulär sind. Dann existieren paarweise disjunkte Borel-meßbare Mengen $(C_n)_{n \in \mathbb{N} \cup \{\aleph_0\}}$ derart, daß ν_n auf C_n konzentriert ist für alle $n \in \mathbb{N} \cup \{\aleph_0\}$.

Beweis:

Weil ν_1, ν_∞ zueinander singulär sind, folgt: Es existieren disjunkte Mengen C_1, C_∞ derart, daß ν_i auf C_i konzentriert ist, i=1,∞.

Weil ν_1, ν_2 zueinander singulär sind, folgt: Es existieren disjunkte Mengen C_1', C_2' derart, daß ν_i auf C_i' konzentriert ist, i=1,2.

Weil ν_1, ν_3 zueinander singulär sind, folgt: Es existieren disjunkte Mengen C_1'', C_3'' derart, daß ν_i auf C_i'' konzentriert ist, i=1,3.

Weil ν_1, ν_n zueinander singulär sind, folgt: Es existieren disjunkte Mengen $C_1^{(n-1)}, C_n^{(n-1)}$ derart, daß ν_i auf C_i konzentriert, i=1,n.

Somit ist ν_1 auf $\bigcap_{n=0}^{\infty} C_1^{(n)} =: \widetilde{C_1}$ konzentriert.
Es gilt ja $(\bigcap_{n=0}^{\infty} C_1^{(n)})^c = \bigcup_{n=0}^{\infty} (C_1^{(n)})^c$ ν_1-Nullmenge.

Man führt wieder eine analogue Überlegung mit ν_2 und den anderen Maßen durch, wobei für das Maß ν_1 die Teilmenge $\widetilde{C_1}$ betrachtet wird.
In diese Weise fortfahrend, gelangt man zum gewünschten Resultat. □

$\check{G}$ bezeichne die Menge der Äquivalenzklassen unitärer faktorieller Darstellungen von G. Nach [8], 8.4 existiert zu einer unitären Darstellung π von G in einem separablen Hilbert-Raum ein Maß μ auf $\check{G}$, derart, daß $\pi \cong \int_{\check{G}}^{\oplus} \rho(\xi) d\mu(\xi)$. Diese direkte Integral-Zerlegung von π heißt die zentrale Zerlegung.
Gemäß [8], 7.3.7 identifizieren wir die Borelschen Räume $\check{G}$ und $\widehat{G}$.

Lemma 3.4:

Sei π eine $K-$invariante Darstellung und $\int_{\widehat{G}}^{\oplus} \rho(\xi) d\mu(\xi)$ ihre zentrale Zerlegung. Dann existiert ein zu μ äquivalentes $K-$invariantes Wahrscheinlichkeitsmaß $\tilde{\mu}$, so daß $\pi \cong \int_{\widehat{G}}^{\oplus} \rho(\xi) d\tilde{\mu}(\xi)$.

Beweis:

Aus $\pi \cong \pi \circ \alpha_k$ und $\pi \cong \int_{\widehat{G}}^{\oplus} \rho(\xi) d\mu(\xi)$ folgt:
$\pi \circ \alpha_k \cong \int_{\widehat{G}}^{\oplus} \rho(\xi) \circ \alpha_k d\mu(\xi) \cong \int_{\widehat{G}}^{\oplus} \rho(\xi) d(k.\mu)(\xi)$
μ und $k.\mu$ sind für beliebige k aus K äquivalent.
μ und $\tilde{\mu} := \int_K k.\mu dk$ sind dann äquivalent, wie wir es folgendermaßen zeigen können:

Ist $N \subseteq \check{G}$ eine $\mu-$Nullmenge, so ist auch N eine $(k.\mu)-$Nullmenge für alle k.
Also gilt $\tilde{\mu}(N) = \int_K (k.\mu)(N) dk = 0$ somit ist N eine $\tilde{\mu}-$Nullmenge.
Ist umgekehrt $\tilde{N}$ eine $\tilde{\mu}-$Nullmenge, so gilt $0 = \tilde{\mu}(\tilde{N}) = \int_K (k.\mu)(\tilde{N}) dk$.
Folglich ist $(k.\mu)(\tilde{N}) = 0$ für $dk-$fast alle k.
Insbesondere existiert $k_0 \in K$ derart, daß $k_0.\mu(\tilde{N}) = 0$ gilt.
Da $k_0.\mu$ und μ äquivalent sind, folgt $\mu(\tilde{N}) = 0$.
Damit ist gezeigt, daß μ und $\tilde{\mu}$ äquivalent sind. □

Lemma 3.5:

Ist A eine abzählbare dichte Teilmenge von K, so gilt für jedes $n \in \{1, 2, 3, ..., \aleph_0\}$ und jedes $l \in \{1, 2, ..., \infty\}$

(a) $$\left\{\rho \in \widehat{G}_n \mid |K/K_\rho| \geq l\right\} = \bigcup_{k_1,...,k_l \in A,\ \text{Paarweise} \neq} \ \bigcap_{i \neq j} \left\{\rho \in \widehat{G}_n \mid \rho \circ \alpha_{k_i}^{-1} \ncong \rho \circ \alpha_{k_j}^{-1}\right\},$$

$\widehat{G}_n$ bezeichnet hier die Teilmenge von $\widehat{G}$, die aus den Äquivalenzklassen n-dimensionaler irreduziblen Darstellungen besteht.

(b) Die Teilmengen $B_{ij} = \left\{\rho \in \widehat{G}_n \mid \rho \circ \alpha_{k_i}^{-1} \not\cong \rho \circ \alpha_{k_j}^{-1}\right\}$ sind für alle Paare (i, j) Borelsch.

(c) Die Teilmengen $\widehat{G}_{n,l} := \left\{\rho \in \widehat{G}_n \mid\mid K/K_\rho \mid= l\right\}$ sind Borel-meßbar.

Beweis:

(i) **Die Gleichheit in (a) gilt:**

Eine irreduzible Darstellung ρ mit dim$= n$ gehört genau dann zu B_l wenn es $k_1, ..., k_l \in K$ existieren derart daß, $k_i.\rho$ paarweise inäquivalent sind.
Wir zeigen nun, daß in diesem Fall auch Elemente $\tilde{k}_1, ..., \tilde{k}_l \in A$ existieren derart daß, $\tilde{k}_i.\rho$ paarweise inäquivalent sind, $i = 1, ..., l$.

$k_1K_\rho, ..., k_lK_\rho$ sind abgeschlossene Teilmengen von K; also ist $\bigcup_{\lambda=2}^{l} k_\lambda K_\rho$ ebenfalls abgeschlossen.
Aus $k_1K_\rho \cap \bigcup_{\lambda=2}^{l} k_\lambda K_\rho = \emptyset$ folgt $k_1 \notin \bigcup_{\lambda=2}^{l} k_\lambda K_\rho$:
Es existiert auch ein $\tilde{k}_1 \in A$ mit $\tilde{k}_1 \notin \bigcup_{\lambda=2}^{l} k_\lambda K_\rho$. Folglich sind:
$\tilde{k}_1 K\rho, k_2K_\rho, ..., k_lK_\rho$ paarweise disjunkt.

Nun gilt $\tilde{k}_1K_\rho \cup \bigcup_{\lambda=3}^{l} k_\lambda K_\rho$ ist abgeschlossen und $k_2 \notin \bigcup_{\lambda=3}^{l} k_\lambda K_\rho$, also:
Es existiert $\tilde{k}_2 \in A$ mit $\tilde{k}_2 \notin \tilde{k}_1K_\rho \cup \bigcup_{\lambda=3}^{l} k_\lambda K_\rho$,
Dies heißt $\tilde{k}_1K_\rho, \tilde{k}_2K_\rho, k_3K_\rho, ..., k_lK_\rho$ paarweise disjunkt.

Nun gilt wieder $\tilde{k}_1K_\rho \cup \tilde{k}_2K_\rho \cup \bigcup_{\lambda=4}^{l} k_\lambda K_\rho$ ist abgeschlossen und $k_3 \notin \bigcup_{\lambda=4}^{l} k_\lambda K_\rho$, also:
Es existiert $\tilde{k}_3 \in A$ mit $\tilde{k}_3 \notin \tilde{k}_1K_\rho \cup \tilde{k}_2K_\rho \cup \bigcup_{\lambda=4}^{l} k_\lambda K_\rho$, also:
$\tilde{k}_1K_\rho, \tilde{k}_2K_\rho, \tilde{k}_3K_\rho, k_4K_\rho, ..., k_lK_\rho$ paarweise disjunkt.
So verfährt man weiter bis man folgende Aussage bekommt:
Es existieren $\tilde{k}_\lambda \in A, \lambda = 1, ..., l$ mit $\tilde{k}_1K_\rho, \tilde{k}_2K_\rho, \tilde{k}_3, ..., \tilde{k}_lK_\rho$ paarweise disjunkt.

(ii) Wir haben $B_{ij} = \left\{\rho \in \widehat{G} \mid \rho \circ \alpha_{k_j^{-1}k_i}^{-1} \neq \rho\right\}$ Borelsch
für alle $i, j \in \mathbb{N}$.
Dies folgt aus folgendem:
-$\rho \longmapsto \rho \circ \alpha_k^{-1}$ ist für jedes $k \in K$ stetig also Borel-meßbar.
-Für jedes $\rho \in \widehat{G}$ gilt $\{\rho\}$ ist Borel-meßbar.

Aus Lemma 3.5(a) ergibt sich, daß die Teilmengen $\widehat{G}_{n,l}$ Borelsch sind; denn weil $\left\{\rho \in \widehat{G}_n \mid |K/K_\rho| \geq l\right\}$ Borelsch ist für jedes $n \in \{1, 2, ..., \aleph_0\}$ und $l \in \mathbb{N}$ folgt $\left\{\rho \in \widehat{G}_n \mid |K/K_\rho| = l\right\} = \left\{\rho \in \widehat{G}_n \mid |K/K_\rho| \geq l\right\} \setminus \left\{\rho \in \widehat{G}_n \mid |K/K_\rho| \geq l+1\right\}$
und damit Borelsch.
Für $l = \infty$ ist $\widehat{G}_{n,\infty} = \widehat{G} \setminus \bigcup_{l\in\mathbb{N}} \widehat{G}_{n,l}$, also Borelsch. □

Wir kommen nun zum eigentlichen Beweis des Satzes.
Beweis des Satzes:
Wir beweisen den Satz in 3 Schritten.

1.Schritt:

Im ersten Schritt zeigen wir, daß es genügt, den Satz für vielfachheitenfreie Darstellungen zu beweisen.
Dazu nehmen wir an, der Satz gelte für vielfachheitenfreie $K-$invariante Darstellungen, und folgern daraus seine Gültigkeit für beliebige $K-$invariante Darstellungen.

Sei also π eine beliebige $K-$invariante Darstellung:

Nach [8] Proposition 5.4.9 gilt:

$\pi \cong \pi_1 \oplus 2\pi_2 \oplus ... \oplus \aleph_0\pi_\infty$ und wegen der $K-$Invarianz von π haben wir $\pi \cong \pi \circ \alpha_k$ für alle $k \in K$.

Wir folgern $\pi \cong \pi \circ \alpha_k \cong \pi_1 \circ \alpha_k \oplus 2\pi_2 \circ \alpha_k \oplus ... \oplus \aleph_0\pi_\infty \circ \alpha_k$
Die Eindeutigkeitsaussage in [8],5.4.9 liefert jetzt $\pi_n \cong \pi_n \circ \alpha_k$ für alle $n \in \mathbb{N}$ und $k \in K$.

Für π_n ist der Satz nach Annahme richtig;
Also gilt $\pi_n \cong \int_{\widehat{G}}^{\oplus} \pi_c d\nu_n(c)$ nach Lemma 3.2 a)

Nach [8],5.4.9 sind die π_n paarweise (zueinander)disjunkt: Nach Lemma 3.3 existieren paarweise zueinander disjunkte Teilmengen C_n, $n = 1, ..., \infty$ von C, so daß: ν_n auf C_n konzentriert ist für alle n.

$\pi \cong \int_{C_1} \pi_c \, d\nu_1(c) \oplus 2 \int_{C_2} \pi_c \, d\nu_2(c) \oplus ... \oplus \aleph_0 \int_{C_\infty} \pi_c \, d\nu_\infty(c)$
Setze nun $m_c := \begin{cases} n \text{ falls } c \in C_n \\ 0 \text{ falls } c \notin C_n \text{für alle } n. \end{cases}$
$\pi \cong \int_{C_1} m_c\pi_c \, d\nu_1(c) \oplus \int_{C_2} m_c\pi_c \, d\nu_2(c) \oplus ... \oplus \int_{C_\infty} m_c\pi_c \, d\nu_\infty(c)$

$\cong \int_C^{\oplus} m_c\pi_c d\nu(c)$ mit $\nu = \nu_1 + ... + \nu_\infty$, wobei die Maße $\nu_i, i = 1, ..., \aleph_0$ geeignet gewichtet werden, damit ν endlich wird.

2. Schritt:

Im 2. Schritt zeigen wir, daß es genügt, die Behauptung des Satzes für $K-$invariante vielfachheitenfreie Darstellungen zu beweisen, deren zentralen Zerlegungsmaß auf $\widehat{G}_{n,l}$ konzentriert ist.

Sei die Behauptung des Satzes für vielfachheitenfreie $K-$invariante Darstellungen der Form $\int_{\widehat{G}_{n,l}}^{\oplus} \rho d\mu_{n,l}(\rho)$ gezeigt.
Sei jetzt π eine beliebige vielfachheitenfreie $K-$invariante Darstellung und $\int_{\widehat{G}}^{\oplus} \rho(\xi) d\mu(\xi)$

die zentrale Zerlegung von π; Nach Lemma 3.4 dürfen wir annehmen, daß μ ein $K-$invariantes Wahrscheinlichkeitsmaß ist.
Seien $\mu_{n,l}$ die Einschränkung von μ auf $\widehat{G}_{n,l}$, $\widehat{G} = \bigcup_{n,l} \widehat{G}_{n,l}$, wir haben also $\mu = \sum_{1\leq n,l\leq\infty} \mu_{n,l}$, wobei
$\mu_{n,l}(B) := \mu(B \cap \widehat{G}_{n,l})$, B Borelsch in $\widehat{G}$.
Offenbar ist $\mu_{n,l}$ ein $K-$invariantes endliches Maß.

Dann erhalten wir mit [14],7.29:

$\pi \cong \int_{\widehat{G}}^{\oplus} \rho(\xi)d\mu(\xi) \cong \bigoplus_{1\leq n,l\leq\infty} \int_{\widehat{G}_{n,l}}^{\oplus} \rho(\xi)d\mu_{n,l}(\xi)$
Weil $\int_{\widehat{G}_{n,l}}^{\oplus} \rho(\xi)d\mu_{n,l}(\xi) K-$invariant ist, existiert nach Annahme ein endliches Maß $\nu_{n,l}$ auf $C_{n,l}$ mit $\int_{\widehat{G}_{n,l}}^{\oplus} \rho(\xi)d\mu_{n,l}(\xi) \cong \int_{C_{n,l}}^{\oplus} \pi_c d\nu_{n,l}(c)$, wobei $C_{n,l} = P(\widehat{G}_{n,l})$.

Somit haben wir $\pi \cong \bigoplus_{1\leq n,l\leq\infty} \int_{C_{n,l}}^{\oplus} \pi_c d\nu_{n,l}(c) \cong \int_{C}^{\oplus} \pi_c d\nu(c)$ mit $\nu := \sum \nu_{n,l}$ und [14],7.29.

3.Schritt

Im dritten und letzten Schritt zeigen wir, daß jede vielfachheitenfreie $K-$invariante Darstellung der Form $\int_{\widehat{G}_{n,l}}^{\oplus} \rho(\xi)d\mu(\xi)$ die Behauptung des Satzes erfüllt. Dabei dürfen wir laut Lemma 3.4 annehmen, daß μ ein $K-$invariantes Wahrscheinlichkeitsmaß ist.

Um diesen letzten Schritt vollziehen zu können, benötigen wir den folgenden

Desintegrationssatz(Siehe [10],Lemma 4.4.):

Satz 3.6:

Sei R eine Äquivalenz-Relation im Standard-Borel-Raum Z, μ ein Maß auf Z, und ν das Quotientenmaß auf Z/R. Dann existiert eine Borelsche Abbildung $\xi \longmapsto \mu_\xi$ von Z/R auf der Menge $M(Z)_1$ der Wahrscheinlichkeitsmassen auf Z, so daß, wenn f eine Borelsche beschränkte Funktion auf Z, und h eine $\nu-$integrierbare Funktion auf Z/R ist, gilt:

$$\int_Z h \circ \omega(\zeta) f(\zeta) d\mu(\zeta) = \int_{Z/R} h(\xi) \int_Z f(\zeta) d\mu_\xi(\zeta) d\nu(\xi)$$

Wenn Z/R abzählbar separierend ist, kann jedes μ_ξ auf $\omega^{-1}(\xi)$ konzentriert gewählt werden.

- Wir werden den Desintegrationssatz auf unser $K-$invariantes Wahrscheinlichkeitsmaß μ anwenden. Dabei ist ω.
Hier ist es zu beachten, daß $\widehat{G}_{n,l}$ die Spurtopologie der Topologie auf $\widehat{G}$ trägt, während $C_{n,l}$ mit der entsprechenden Quotiententopologie versehen wird. Die $K-$Bahnen in $\widehat{G}_{n,l}$ bleiben weiterhin abgeschlossen.
Wie wir es beim Beweis vom Satz 2.25 gezeigt haben, ist C abzählbar separierend, damit sind auch die $C_{n,l}$ abzählbar separierend und, da die $\widehat{G}_{n,l}$ Borelsch in $\widehat{G}$ sind, sind sie auch Standard-Borel-Räume.

Damit sind die Voraussetzungen des Desintegrationssatzes mit
$Z := \widehat{G}_{n,l}$, $Z/R := C_{n,l}$ und $\omega := P_{n,l}$ erfüllt.

Der Desintegrationssatz liefert somit eine Borelsche Abbildung $c \longmapsto \tilde{\mu}_c$ von C in die Menge $M(\widehat{G}_{n,l})_1$ mit folgenden Eigenschaften:

(a) $\tilde{\mu}_c$ ist konzentriert auf c, $c \in C$.

(b) $c \longmapsto \int_{\widehat{G}_{n,l}} f(\rho)d\tilde{\mu}_c(\rho)$ $\nu-$meßbar für alle reellen beschränkten Borelschen Funktionen f auf $\widehat{G}_{n,l}$.

(c) $\int_{\widehat{G}_{n,l}} h(P_{n,l}(\rho))f(\rho)d\mu(\rho) = \int_{C_{n,l}} h(c) \int_{\widehat{G}_{n,l}} f(\rho)d\tilde{\mu}_c(\rho)d\nu(c)$ für alle reellen beschränkten Borelschen Funktionen f und h auf $\widehat{G}_{n,l}$ bzw. auf $C_{n,l}$.

Unser nächstes Ziel besteht darin, zu zeigen, daß die Maße $\tilde{\mu}_c$ als $K-$invariant angenommen werden können. Dies läuft dann auf die Zerlegbarkeit von μ in der form $\mu = \int_{C_{n,l}} \mu_c d\nu(c)$ hinaus, wobei die μ_c unsere $K-$invarianten Wahrscheinlichkeitsmaße auf den $K-$Bahnen $c \in C$ sind.

Weil μ ein $K-$invariantes Maß ist, gilt für jedes feste $k \in K$:
$\int_{\widehat{G}_{n,l}} h(P_{n,l}(\rho))f(\rho)d\mu(\rho) = \int_{C_{n,l}} h(c) \int_{\widehat{G}_{n,l}} f(\rho)d\tilde{\mu}_c(\rho)d\nu(c)$
$= \int_{\widehat{G}_{n,l}} h(P_{n,l}(\rho))f(k.\rho)d\mu(\rho) = \int_{C_{n,l}} h(c) \int_{\widehat{G}_{n,l}} f(k.\rho)d\tilde{\mu}_c(\rho)d\nu(c)$ für alle $\nu-$integrierbaren Funktionen h auf $C_{n,l}$ und für alle beschränkten Borelschen Funktionen f auf $\widehat{G}_{n,l}$.
Folglich gilt für alle beschränkten Borelschen Funktionen f auf $\widehat{G}_{n,l}$:
$\int_{\widehat{G}_{n,l}} f(\rho)d\tilde{\mu}_c(\rho) = \int_{\widehat{G}_{n,l}} f(k.\rho)d\tilde{\mu}_c(\rho) = \int_{\widehat{G}_{n,l}} f(\rho)d(k.\tilde{\mu}_c)(\rho)$ für $\nu-$fast alle c.
Es existiert also eine von $k \in K$ abhängige $\nu-$Nullmenge $N(k)$ derart, daß für alle $c \in C_{n,l} \setminus N(k)$ gilt: $\tilde{\mu}_c = k.\tilde{\mu}_c$
Sei A eine abzählbare dichte Teilmenge von K. Dann ist $N := \bigcup_{k\in A} N(k)$ eine $\nu-$Nullmenge in $C_{n,l}$.
Wir zeigen nun, daß: $\tilde{\mu}_c$ $K-$invariant ist für jedes $c \in C_{n,l} \setminus N$:
Sei also $k \in K$ gegeben. Dann existiert eine Folge $(k_m)_{m\in\mathbb{N}} \subseteq A$ mit $\lim_{m\to\infty} k_m = k$.
Wir haben nun zu zeigen, daß:
$\lim_{m\to\infty} k_m.\tilde{\mu}_c(f) = k.\tilde{\mu}_c(f) = \tilde{\mu}_c(f)$ für alle beschränkten Borelschen Funktionen f auf $\widehat{G}_{n,l}$.

Sei $\rho_0 \in c$.
Aus der meßbaren Abbildung(Siehe Lemma 2.22) $K \longrightarrow c, k \longmapsto k.\rho_0$ gewinnen wir die meßbare Bijektion $K/K_{\rho_0} \longrightarrow c$.
Der Raum K/K_{ρ_0} ist Hausdorffsch und lokal-kompakt.
Wir versehen c mit der Topologie, für die die Zuordnung $K/K_{\rho_0} \longrightarrow c$ ein Homöomorphismus ist. Damit wird c ein lokal-kompakter Raum.
Diese Topologie erzeugt die auf c Borelsche Struktur.
Die Masse $\tilde{\mu}_c$ und $k.\tilde{\mu}_c$ sind also Radon-Maße auf c.
Um $\tilde{\mu}_c = k.\tilde{\mu}_c$ zu beweisen, genügt es demnach, $\tilde{\mu}_c(f) = k.\tilde{\mu}_c(f)$ für alle $f \in C(c) \cong C(K/K_{\rho_0})$ zu beweisen.
Für $f \in C(c)$ konvergiert $k_m.f$ punktweise gegen $k.f$. Der Satz von Lebesgue liefert

somit:
$\tilde{\mu}_c(f) = k_m.\tilde{\mu}_c(f) = \tilde{\mu}_c(k_m.f) \longrightarrow_{m\to\infty} \tilde{\mu}_c(k.f) = k.\tilde{\mu}_c(f)$
Folglich gilt $\tilde{\mu}_c = \mu_c$ für alle $c \in C_{n,l} \setminus N$ $\square$

I. Lokale-kompakte Topologie auf $\widehat{G}$

Zusammenfassung:

Wir werden nun die Hüllen-Kern-Topologie $\mathcal{T}_{HK}$ auf $\widehat{G}$ derart verfeinern, daß wir eine "lokal-kompakte" Hausdorffsche Topologie erhalten, welche ebenfalls die Mackey-Borelsche Struktur auf $\widehat{G}$ erzeugt.

Die neue Topologie

Vorwort:

Da wir mit einer postliminären Gruppe G arbeiten, ist die entsprechende C^*-Algebra $C^*(G)$ postliminär: Laut [8], 4.5.5. existiert eine Ordinalzahl α und eine Kompositionsreihe $(I_\rho)_{0\le\rho\le\alpha}$, so daß die $I_{\rho+1}/I_\rho$ C^*-Algebren mit stetigen Spuren sind.
-Weil G separabel ist, dürfen wir gemäß [8], 4.3.8. $\alpha \le \aleph_0$ annehmen.

Wir besorgen uns eine aufsteigende abzählbare Familie von Idealen $(I_\rho)_{0\le\rho\le\alpha}$ in $C*(G)$ gemäß [8],4.5.7. Dann gilt:

(i) $\widehat{C^*(G)} = \bigcup_{0\le\rho\le\alpha} X_\rho$ mit $X_\rho := \widehat{I}_{\rho+1} \setminus \widehat{I}_\rho = (I_{\rho+1} \setminus I_\rho)\widehat{}$.

(ii) Für jedes ρ ist X_ρ Hausdorffsch und lokal-kompakt mit abzählbarer Basis.

Wir können nun $\widehat{C^*(G)}$(und damit auch $\widehat{G}$) mit einer feineren Topologie versehen und zwar mit der topologischen Summe $\mathcal{T}_S$ der X_ρ, $0 \le \rho \le \alpha$.(Siehe [20], I.4.8.)
Dabei sei auf X_ρ die Spurtopologie der Hüllenkerntopologie $\mathcal{T}_{HK}$ zugrundegelegt. Dadurch wird $\widehat{G}$ mit einer Hausdorffschen lokal-kompakten Topologie versehen:

$O \subseteq \widehat{G}$ gehört zu $\mathcal{T}_S$ genau dann, wenn $O \cap X_\rho$ offen ist in X_ρ für alle $\rho \in \mathbb{N}$.

Die neue Topologie $\mathcal{T}_S$ ist Hausdorffsch und lokal-kompakt. Die von $\mathcal{T}_S$ erzeugte Borelsche Struktur stimmt mit der Mackey-Borelschen Struktur überein, weil die Mengen X_ρ meßbar für die Mackey-Borelsche Struktur sind:

1. $\mathcal{T}_S$ enthält ja $\mathcal{T}_{HK}$, weil ja die X_ρ, $0 \le \rho \le \alpha$, die Spurtopologie der Hüllenkerntopologie tragen.

2. Somit enthält die von $\mathcal{T}_S$ erzeugte Borelsche-Struktur die von $\mathcal{T}_{HK}$ erzeugte Borelsche Stuktur (Letztere stimmt gemäß [8],4.6.1 mit der Mackey Borelschen Struktur überein).

3. Sei jetzt $O \in \mathcal{T}_S$. Dann ist $O \cap X_\rho$ offen in X_ρ für alle $\rho \in \mathbb{N}$; das heißt $O \cap X_\rho = \tilde{O} \cap X_\rho$ für ein $\tilde{O} \in \mathcal{T}_{HK}$.
Daraus folgt also, daß $O \cap X_\rho$ Mackey-Borel-messbar ist.

Folglich ist auch $O = \bigcup_{\rho \in \mathbb{N}} O \cap X_\rho$ Mackey-Borel-messbar.
Dies heißt ja : Die Mackey-Borel-Struktur enthält $\mathcal{T}_S$.

Eigenschaften der Topologie auf $\widehat{G}$
Bemerkung 3.7

(a) Die $K-$Bahnen $c \in C$ in $\widehat{G}$ sind lokal-kompakt für die Topologie $\mathcal{T}_S$.

(b) Die Teilmengen $\widehat{G}_n \subseteq \widehat{G}$ sind lokal-kompakt für die Topologie $\mathcal{T}_S$.

Beweis:

(a) $c \subseteq \widehat{G}$ ist nach Voraussetzung abgeschlossen für $\mathcal{T}_{HK}$, also auch abgeschlossen für $\mathcal{T}_S$ und damit lokal-kompakt für $\mathcal{T}_S$.(Siehe [20],I.7.5, Satz 2)

(b) $\widehat{G}_n$ ist gemäß [8],3.6.3, Durchschnitt einer $\mathcal{T}_{HK}-$offenen und einer $\mathcal{T}_{HK}-$ abgeschlossenen Teilmenge von $\widehat{G}$.
Diese Teilmengen sind aber natürlich auch $\mathcal{T}_S-$ offen bzw.$\mathcal{T}_S-$abgeschlossen.(Siehe [20],I.7.5, Satz 2) □

Zerlegung des Integrals $\int_{\widehat{G}_{n,l}}^{\oplus} \rho(\xi) d\mu_{n,l}(\xi)$

Nachdem $\widehat{G}$(bzw.$\widehat{G}_{n,l}$) mit einer lokal-kompakten Topologie versehen ist, sind die Voraussetzungen von [16], Theorem 2.11 erfüllt.

(i) $\widehat{G}_{n,l}$ ist lokal-kompakt und separabel

(ii) Für die abzählbare Familie $(P_{n,l}(O_j \cap \widehat{G}_{n,l}))_{j \in \mathbb{N}}$ aus $C_{n,l}$ gilt:
1.$P_{n,l}(O_j \cap \widehat{G}_{n,l})$ ist Borelsch in $C_{n,l}$ für jedes j.
2. $C_{n,l}$ abzählbar separierend, so daß eine abzählbare Familie $E_1, E_2, E_3, ...$, meßbarer Teilmengen von $C_{n,l}$ existiert, so daß jeder Punkt $c \in C_{n,l}$ der Durschnitt aller E_i ist mit $c \in E_i$.

Wir zitieren nun Theorem 2.11 in [16], wobei wir die in diesem Theorem verwendeten Objekte durch die entsprechenden in unser Situation gegeben Objekte ersetzen. Und zwar ersetzen wir $\mathfrak{M}$ durch $\widehat{G}_{n,l}, Y$ durch $C_{n,l}, \tilde{\mu}$ durch ν, x durch ξ, V^x durch $\rho(\xi), V$ durch $\int_{\widehat{G}_{n,l}}^{\oplus} \rho(\xi) d\mu(\xi), y$ durch c, und W^y durch π_c.
Mit diesen Bezeichnungen liefert nun Theorem 2.11 in [16] folgendes Resultat:

Ausgehend von unserem Maß μ auf $\widehat{G}_{n,l}$ und der Zerlegung $\mu = \int_{C_{n,l}} \mu_c d\nu(c)$, existiert für $\nu-$fast alle $c \in C_{n,l}$ das direkte Integral $\pi_c = \int_{\widehat{G}_{n,l}}^{\oplus} \rho(\xi) d\mu_c(\xi)$ und definiert eine Darstellung π_c von G.
Überdies existiert das direkte Integral $\int_{C_{n,l}}^{\oplus} \pi_c d\nu(c)$ und ist zu $\pi = \int_{\widehat{G}_{n,l}}^{\oplus} \rho(\xi) d\mu_c(\xi)$ äquivalent.
Damit wird der dritte Schritt vollzogen und der Satz endgültig bewiesen.

Kapitel 4

Eine Charakterformel für K–irreduzible Darstellungen einer nilpotenten Liegruppe

Vorwort

Ist G eine einfach zusammenhängende nilpotente Lie-Gruppe und ist π eine unitäre irreduzible Darstellung von G, so sind die Operatoren $\pi(\varphi)$, $\varphi \in \mathcal{S}(G)$, Spuroperatoren, und die Abbildung $\varphi \longmapsto$ Spur(φ) ist eine temperierte Distribution auf G(Siehe[13]).
Diese Abbildung heißt der Charakter von π. Es gilt die Charakterformel:
Spur $\pi(\varphi) = \int_{O_\pi} \widehat{\varphi}(l) dm_\pi(l)$,
wobei m_π das kanonische Maß auf der Kirillovschen Bahn O_π von π bezeichnet.

4.0.7 Abgeschlossenheit der $K \ltimes G$–Bahnen in $\mathfrak{g}^*$

Abgeschlossenheit der $K \ltimes G$–Bahnen auf $\mathfrak{g}^*$

Im folgenden zeigen wir, K und G als Teilmengen von $K \ltimes G$ vermöge der Einbettungen $K \longrightarrow K \ltimes G$, $k \longmapsto (k, e_G)$ und $G \longrightarrow K \ltimes G$, $g \longmapsto (e_K, g)$ verstehen.
Dann gilt die Gleichung $(k, g) = gk$ für alle $k \in K, g \in G$.

Wir haben also zu zeigen, daß $(K \ltimes G).l_0 = K.(G.l_0)$ abgeschlossen ist, während wir schon wissen, daß $G.l_0$ abgeschlossen ist.
Es gilt für $(k,g)^{-1}.l_0$ aus $(K \ltimes G).l_0$:
$(k,g)^{-1}.l_0 = (gk)^{-1}.l_0 = (k^{-1}g^{-1}).l_0 = k^{-1}.(g^{-1}.l_0)$
Ausgehend von der Folge $k_\nu.(g_\nu.l_0)$, die gegen l aus $\mathfrak{g}^*$ konvergiert, haben wir zu zeigen, daß $l \in (K \ltimes G).l_0$.
K ist ja kompakt: Es existiert eine konvergente Teilfolge der (k_ν) : $k_\nu \to k_0$
Dann konvergiert $k_0^{-1}.(k_\nu.(g_\nu.l_0)) = (k_0^{-1}k_\nu).(g_\nu.l_0)$ gegen $k_0^{-1}.l$, und somit weil $G.l_0$ abgeschlossen ist, existiert $g \in G$ mit $k_0^{-1}.l = g.l_0$; folglich ist $l = k_0.(g.l_0) \in (K \ltimes G).l_0$.

4.0.8 Invariante Maße auf den $K \ltimes G$– Bahnen.

$C_c(\mathfrak{g}^*) \longrightarrow \mathbb{C}$, $f \longrightarrow \int_K \int_{\mathfrak{g}^*} f(l) d(k.m_{\rho_0})(l) dk$ stellt ein $K \ltimes G$–invariantes Maß auf $\mathfrak{g}^*$.

Wir haben nämlich:

$k \longmapsto \int_{\mathfrak{g}^*} f(l)d(k.m_{\rho_0})(l)\ dk-$**integrierbar für alle** $f \in C_c(\mathfrak{g}^*)$:

Für $f \in C_c(\mathfrak{g}^*)$ ist folgende Funktion stetig:
$k \longrightarrow \int_{\mathfrak{g}^*} f(l)d(k.m_{\rho_0})(l) = \int_{\mathfrak{g}^*} f(l \circ d\alpha_k^{-1})dm_{\rho_0}(l)$.
Zur Erinnerung gilt folgendes:
$(k.m_{\rho_0})(B) := m_{\rho_0}(t_k^{-1}(B))$, wobei $t_k : \mathfrak{g}^* \longrightarrow \mathfrak{g}^*,\ l \longmapsto l \circ d\alpha_k^{-1}$.
Also haben wir:
$\int_{\mathfrak{g}^*} f(l \circ d\alpha_k^{-1})dm_{\rho_0}(l)$ hängt stetig von k ab, denn:

(a) $l \longmapsto f(l \circ d\alpha_k^{-1})$ ist integrierbar für jedes k aus K

(b) $k \longmapsto f(l \circ d\alpha_k^{-1})$ ist stetig für jedes l aus $\mathfrak{g}^*$ dank Stetigkeit der $K-$Wirkung auf $\mathfrak{g}^*$

(c) $\int_{\mathfrak{g}^*} |f(l \circ d\alpha_k^{-1})| dm_{\rho_0}(l) \leq \int_{K.\ \mathrm{Trg}\ (f)} Max|f| dm_{\rho_0}(l) < \infty$, weil ja $K.$ Trg (f) kompakt ist.

Damit ist für jedes $f \in C_c(\mathfrak{g}^*)$ $k \longmapsto \int_{\mathfrak{g}^*} f(l)d(k.m_{\rho_0})(l)$ stetig, und somit $dk-$integrierbar.
$f \longmapsto \int_K \int_{\mathfrak{g}^*} f(l)d(k.m_{\rho_0})(l)dk$ **stellt ein positive Lineareform auf** $C_c(\mathfrak{g}^*)$ **dar**

Dieses Maß ist dann $K \ltimes G-$**invariant**

$\int_K \int_{\mathfrak{g}^*} f((k_0, g_0).l)d(k.m_{\rho_0})(l)dk = \int_K \int_{\mathfrak{g}^*} f(g_0.k_0.l)d(k.m_{\rho_0})(l)dk$
$= \int_K \int_{\mathfrak{g}^*} f(g_0.l)d(k_0^{-1}k.m_{\rho_0})(l)dk = \int_K \int_{\mathfrak{g}^*} f(g_0.l)d(k.m_{\rho_0})(l)dk$
$= \int_K \int_{\mathfrak{g}^*} f(l)d(k.m_{\rho_0})(l)dk.$

Dieses Maß ist temperiert

-$\mathfrak{g}^*$ sei mit einer Basis $B' = \{e_1^*, \ldots, e_n^*\}$ versehen: Damit identifizieren wir $\mathfrak{g}^*$ mit $\mathbb{R}^n$.
-Zur Erinnerung gilt es, daß m_{ρ_0} temperiert ist. Es existiert also ein m mit der Eigenschaft, daß:

$$\int_{\mathbb{R}^n} \frac{1}{(1 + \sum_{i=1}^{n} x_i^2)^m} dm_{\rho_0}(x) < \infty \quad \text{(Siehe [21],(VII,4,6))}$$

Sei $B \subset \mathcal{S}(\mathfrak{g}^*)$ beschränkt und abgeschlossen. Damit stellt B eine relativ kompakte Teilmenge dar!($\bar{B}$ ist kompakt.) Dies weil $\mathcal{S}(\mathfrak{g}^*)$ ein Montel-Raum ist(Siehe [21],Kapitel VII, §4, nach Theorem IV)
$K \times \mathcal{S}(\mathfrak{g}^*) \longrightarrow \mathcal{S}(\mathfrak{g}^*),\ (k, \varphi) \longmapsto \varphi_k$ ist stetig(Stetige Wirkung von K auf $\mathcal{S}(\mathfrak{g}^*)$).
Daraus folgt, daß $\{\varphi_k,\ k \in K,\ \varphi \in B\} \subseteq \{\varphi_k,\ k \in K,\ \varphi \in \bar{B}\}$ beschränkt ist. Das Bild von $K \times \bar{B}$ ist ja kompakt also beschränkt in $\mathcal{S}(\mathfrak{g}^*)$.

Schwartz nach(Siehe [21](VII,3;5)) heißt dies folgendes:

Es existiert eine stetige positive Funktion $h : \mathbb{R}^n \longrightarrow \mathbb{R}_+$ mit folgenden Eigenschaften:
1) $\lim\limits_{|x|\to\infty} |x|^\alpha |h(x)| = 0,\ \forall\alpha \in \mathbb{N} \Longleftrightarrow \lim\limits_{|x|\to\infty} (1+|x|^2)^\alpha |h(x)| = 0,\ \forall\alpha \in \mathbb{N}$
2)$|\varphi_k(x)| \leq h(x),\ \forall\varphi \in B,\ \forall k \in K.$

Somit gilt folgendes:
$|\int_K \int_{\mathbb{R}^n} \varphi_k(X) dm_{\rho_0}(X) dk| \leq \int_K \int_{\mathbb{R}^n} |\varphi_k(X)| dm_{\rho_0}(X) dk \ \leq \int_K \int_{\mathbb{R}^n} |h(X)| dm_{\rho_0}(X) dk$

$\lim\limits_{|x|\to\infty} (1+|x|^2)^m |h(x)| = 0 \implies$:
Für $A > 0$ existiert $B > 0$, so daß $|h(x)| < \frac{A}{1+|x|^2)^m}$, wenn $|x| > B$
Für $|x| \leq B$ ist $h(x)$ stetig also beschränkt, so daß man dank einer Konstante β zum folgendem kommen kann:

$\int_K \int_{\mathbb{R}^n} |h(X)| dm_{\rho_0}(X) dk \leq \int_{\mathbb{R}^n} \frac{\beta}{(1+\sum\limits_{i=1}^{n} x_i^2)^m} dm_{\rho_0}(x) < \infty,\ \beta \in \mathbb{R}$(Konstante)

Somit ist das gewünschte erreicht: Das Bild einer beliebigen beschränkten Menge B unter der vom Maß $. \longmapsto \int_K \int_{\mathbb{R}^n} .dm_{\rho_0}(X) dk$ definierten Linearform von $\mathcal{S}(\mathfrak{g}^*)$ ist stets beschränkt. Somit liefert die Linearform ein temperiertes Maß.

4.0.9 Charaktere $K-$irreduzibler Darstellungen.

$\mathcal{S}(G)$ kann als dichte involutive Unteralgebra von $L^1(G)$ und somit auch von $C^*(G)$ verstanden werden.

ρ_0 sei eine beliebige feste stetige unitäre irreduzible Darstellung der Gruppe G und l_0 sei ein Element der zu ρ_0 gehörenden koadjungierten Bahn $Ad^*(G)l_0$ in $\mathfrak{g}^*$.
Die Abbildung $\widetilde{m_{l_0}} : \mathcal{D}(\mathfrak{g}^*) \longrightarrow \mathbb{C},\ f \longmapsto \widetilde{m_{l_0}}(f) := \int_K \int_{\mathfrak{g}^*} f(l) dm_{k.\rho_0}(l) dk$ stellt ein positives temperiertes $K \ltimes G-$invariantes Maß auf der $K \ltimes G-$ Bahn von l_0 in $\mathfrak{g}^*$ dar.
Also stellt ihre Fouriertransformierte F_{ρ_0} eine positiv definite $Ad-$invariante temperierte Distribution auf $\mathfrak{g}$ dar, die einer positiv definiten zentralen temperierten Distribution auf G.
Laut [8], Proposition 17.2.6 erfüllt $S_{F_{\rho_0}} : \mathcal{S}(G) \times \mathcal{S}(G) \longrightarrow \mathbb{C}$ mit

$S_{F_{\rho_0}}(\varphi,\psi) := F_{\rho_0}(\varphi * \psi^*),\ \forall\varphi,\psi \in \mathcal{S}(G)$ folgende Eigenschaften:

(i) $S_{F_{\rho_0}}$ ist eine positive hermitsche sesquilineare Form

(ii) $S_{F_{\rho_0}}(\varphi,\psi) = S_{F_{\rho_0}}(\psi^*,\varphi^*),\ \varphi,\psi \in \mathcal{S}(G)$

(iii) $S_{F_{\rho_0}}(\chi * \varphi,\psi) = S_{F_{\rho_0}}(\varphi,\chi^* * \psi),\ \varphi,\psi \in \mathcal{S}(G)$

(iv) $s(\varphi * \psi,\varphi * \psi) \leq ||\varphi||^2 S_{F_{\rho_0}}(\varphi,\varphi),\ \varphi,\psi \in \mathcal{S}(G)$

(v) Die Menge der Elemente der Form $\varphi * \psi$ mit $\varphi, \psi \in \mathcal{S}(G)$ ist total in $\mathcal{S}(G)$ für das durch $S_{F_{\rho_0}}$ definierte prä-Hilbertsche Struktur.

Jetzt geben wir an, wie man unter diesen Umständen zu einer Darstellung der Gruppe G sowie von $C^*(G)$ gelangen kann.
Nun verfahren wir genauso wie es in [8] im Beweis vom Lemma 17.2.1 angegeben wird: Man bildet die Menge $\mathcal{N} = \{\varphi \in \mathcal{S}(G) | S_{F_{\rho_0}}(\varphi, \varphi) = 0\}$ und prüft nach, daß es sich um ein selbstadjungiertes zweiseitiges Ideal von $\mathcal{S}(G)$ handelt. Dann ist $\mathcal{S}(G)/\mathcal{N}$ eine Hilbert Algebra für das von $S_{F_{\rho_0}}$ erzeugte Skalarprodukt. Sei $\Lambda : \mathcal{S}(G) \longrightarrow \mathcal{S}(G)/\mathcal{N}$ die kanonische Abbildung.
Sei H der Hilbertraum, der durch Vervollständigung von $\mathcal{S}(G)/\mathcal{N}$ entsteht.
Jetzt gilt folgendes:

Die Abbildung $\mathcal{S}(G) \longrightarrow \mathcal{L}(H), z \longmapsto \lambda(z)$ mit $\lambda(z)\Lambda(x) = \Lambda(zx)$ liefert eine Darstellung $U^{F_{\rho_0}}$ von $\mathcal{S}(G)$ in H. Diese Darstellung läßt sich zu einer Darstellung $U^{F_{\rho_0}}$ von $C^*(G)$ fortsetzen; Sie ist sogar eine Spur-Darstellung $(U^{F_{\rho_0}}, f_{\rho_0})$, das heißt:

(1) $U^{F_{\rho_0}}$ ist eine nicht-ausgeartete Darstellung von $C^*(G)$ in H

(2) f_{ρ_0} ist eine treue normale Spur auf der von $U^{F_{\rho_0}}(C^*(G))$ erzeugten von-Neumann-Algebra $\mathcal{U}^{(F_{\rho_0})+}$.

(3) $U^{F_{\rho_0}}(C^*(G)) \cap n_{f_{\rho_0}}$ liegt schwach dicht in der von-Neumann-Algebra $\mathcal{U}^{(F_{\rho_0})}$, wobei $n_{f_{\rho_0}} = \{x \in C^*(G) | f_{\rho_0}(U^{F_{\rho_0}}(x^*x)) < \infty\}$

Ist ϵ_g das Dirac-Maß im Punkt g von G, so kann die Wirkung der Gruppe G folgender Weise beschrieben werden:
$U^{F_{\rho_0}}(g)(\Lambda f) := \Lambda(\epsilon_{g^{-1}} * f), \ \forall g \in G, \ \forall f \in \mathcal{S}(G)$.
Es gilt hier, daß die von $U^{F_{\rho_0}}(G)$ erzeugte von-Neumann-Algebra genauo die Links-von-Neumann-Algebra $\mathcal{U}^{(F_{\rho_0})}$ der Hilbert Algebra $\mathcal{S}(G)/\mathcal{N}$ ist.

Nun definiert man eine Spur f_{ρ_0} auf $\mathcal{U}^{(F_{\rho_0})+}$ folgendermaßen((Siehe [8], A 60)):

Für $T \in \mathcal{U}^{(F_{\rho_0})+}$ setzen wir:

$$f_{\rho_0}(T) = \begin{cases} S_{F_{\rho_0}}(h,h), & \text{falls } T = U^{F_{\rho_0}}(h * h^*) \text{ mit } h \in A' \\ +\infty, \text{ sonst,} \end{cases}$$

wobei hier A' die Hilbert-Algebra der „beschränkten“ Elemente in H bezeichnet.(A' heißt volle Hilbertalgebra)(nach[7],Part.I, Ch.5,3.)

Quasi-Äquivalenz von $U^{F_{\rho_0}}$ und $\int_{\widehat{G}}^{\oplus} \rho d\mu_{\rho_0}(\rho)$

c bezeichne die $K-$Bahn von ρ_0 in $\widehat{G}$ und $\pi_c = \int_{\widehat{G}}^{\oplus} \rho d\mu_{\rho_0}(\rho)$ die zu c gehörige $K-$irreduzible Darstellung.(Dabei ist μ_{ρ_0} das Bildmaß von dk unter $k \longmapsto \rho_0 \circ \alpha_k^{-1}$ is.)
Auf $C^*(G)^+$ wird durch $x \longmapsto f_{\rho_0}(U^{F_{\rho_0}}(x)), \ x \in C^*(G)^+$ eine Spur definiert, die von unten halbstetig ist.
Das Definitionsideal dieser Spur liegt dicht in $C^*(G)$, da es die Menge $\mathcal{D}(G) * \mathcal{D}(G)$ enthält.(Vgl. [13], 2.7)

Nach [8], 8.8.5 existiert ein Maß $\mu_{F_{\rho_0}}$ auf $\widehat{G}$, so daß

$$f_{\rho_0}(U^{F_{\rho_0}}(x)) = \int_{\widehat{G}} \text{Spur}\rho(x) d\mu_{F_{\rho_0}}(\rho), \ \forall x \in C^*(G)^+.$$

(Siehe [13], 2.7)
Nun zeigen wir, daß $U^{(F_{\rho_0})}$ und π_c quasi-äquivalent sind.
Nach [13], 1.3 und dank der Polarisationsgleichung erhält man folgende Formel für alle φ, die im linearen Erzeugnis $< \mathcal{D}(G) * \mathcal{D}(G) >$ von $\mathcal{D}(G) * \mathcal{D}(G)$ liegen:
$f_{\rho_0}(U^{F_{\rho_0}}(\varphi)) = \int_{\widehat{G}} \text{Spur}\rho(\varphi) d\mu_{F_{\rho_0}}(\rho) = F_{\rho_0}(\varphi) = \int_K \int_{\mathfrak{g}^*} \widehat{\varphi}(l) d(m_{k.\rho_0})(l) dk$
Zur Darstellung $\pi_c = \int_{\widehat{G}}^{\oplus} \rho d\mu_{\rho_0}(\rho)$ existiert nach 2.18 Satz(i) aus [13] eine temperierte positiv definite Distribution F auf G derart, daß $\int_{\widehat{G}}^{\oplus} \rho d\mu_{\rho_0}(\rho)$ quasi-äquivalent zu $U^{(F)}$ ist.
Nach dem Beweis von 2.18(i) in [13] leistet die Distribution $F(\varphi) := \int_{\widehat{G}} \alpha(\rho) \text{Spur}\rho(\varphi) d\mu_{\rho_0}(\rho)$ $= \int_{\widehat{G}} \alpha(\rho) \hat{\rho}(\varphi) d\mu_{\rho_0}(\rho) = \int_K \alpha(k.\rho_0) \int_{\mathfrak{g}^*} \hat{\varphi}(l) dm_{k.\rho_0}(l) dk$ das Gewünschte.
F ist also die Fourier-Transformierte des Maßes:

$$f \longmapsto \int_K \alpha(k.\rho_0) \int_{\mathfrak{g}^*} f(l) dm_{k.\rho_0}(l) dk$$

Dieses Maß ist offenbar äquivalent zu $\widetilde{m_{l_0}}(.) = \int_K \int_{\mathfrak{g}^*} .(l) dm_{\rho_0}(l) dk$
Mit[13], 2.16 ergibt sich : F und F_{ρ_0} sind äquivalent(Im Sinne von [13] Definition 2.17).
Also gilt $U^{F_{\rho_0}} \approx U^F$ wegen [13], 2.18(ii).
Zusammen mit dem zuvor Bewiesenen ergibt sich also:

$$U^{F_{\rho_0}} \approx U^F \approx \int_{\widehat{G}}^{\oplus} \rho d\mu_{\rho_0}(\rho) = \pi_c$$

Dank dem existierenden von-Neumann-Algebren-Isomorphismus übertragen wir die auf der von-Neumann-Algebra $\mathcal{U}^{(F_{\rho_0})}$ der Darstellung $U^{F_{\rho_0}}$ definierte Spur f_{ρ_0} auf die von-Neumann-Algebra $\mathcal{U}_{\pi_c}$ der Darstellung $\pi_c := \int_{\widehat{G}}^{\oplus} \rho d\mu_{\rho_0}(\rho)$.
Die durch den Übergang von $\mathcal{U}^{F_{\rho_0}}$ nach $\mathcal{U}_{\pi_c}$ entstehende Spur heiße $\tilde{f}_{\rho_0}$. Dann gilt

$\tilde{f}_{\rho_0}(\pi_c(\varphi)) = f_{\rho_0}(U^{F_{\rho_0}}(\varphi)) = F_{\rho_0}(\varphi) = \int_K \int_{\mathfrak{g}^*} \widehat{\varphi}(l) dm_{k.\rho_0}(l) dk$
$= \int_K \text{Spur}(k.\rho_0)(\varphi) dk = \int_c \text{Spur}\rho(\varphi) d\mu_{\rho_0}(\rho) = \int_c \widehat{\rho}(\varphi) d\mu_{\rho_0}(\rho)$
$\tilde{f}_{\rho_0}$ heißt der „Charakter“ der $K-$irreduziblen Darstellung π_c.
Damit haben wir das folgende Resultat bewiesen:

Satz.(Charakterformel) Sei G eine einfach zusammenhängende nilpotente Liegruppe und sei K eine separable kompakte Gruppe K, die auf G stetig durch Automorphismen wirkt. Sei π eine $K-$irreduzible Darstellung von G und sei μ das $K-$invariante Maß auf der zu π gehörige $K-$Bahn in $\widehat{G}$(gemäß Satz...). Dann existiert eine Spur $\tilde{f}$ auf der von $\pi(G)$ erzeugten von Neumann-Algebra, so daß gilt:

$$\tilde{f}(\pi(\varphi)) = \int_{\widehat{G}} \widehat{\rho}(\varphi) d\mu(\rho), \ \forall \varphi \in \mathcal{S}(G)$$

Kapitel 5

Beispiele

5.1 Radiale Vektoren

5.1.1 Ein Gegenbeispiel

Eine K-irreduzible Darstellung ist entweder irreduzibel oder nicht; sie ist auf alle Fälle vielfacheitsfrei. Bei den irreduziblen bleibt nur die Suche nach einem radialen Vektor zu machen(Einen solchen existiert nicht unbedingt!) Bei den vielfachheitsfreien muss zuerst einen zyklischen Vektor gefunden werden, und dann soll er radial sein: Die Sache bleibt offen im allgemeinen zu mindest! Es ist die Frage, ob dies durch ein Gegenbeispiel auf Gruppenebene zu bestätigen ist!
Man nehme K eine nicht-abelsche kompakte Gruppe und bilde das direkte Produkt $G := K \times \mathbb{R}$.
Wir lassen dann K auf G folgender weise wirken: Durch innere Automorphismen auf den ersten Faktor und trivial auf $\mathbb{R}$.
Für ρ irreduzible Darstellung von K und 1 die Einsdarstellung von $\mathbb{R}$ besitzt das Tensorprodukt $\rho \otimes 1$ keinen zyklischen $K-$radialen Vektor! Sonst hätte ρ einen haben müssen, was ja ein Widerspruch zu unserem Ergebnis(Satz 2.28) ist.

5.1.2 Der Fall von $SU(2)$

Die nachfolgenden Ergebnisse bezüglich $SU(2)$ wurden aus [12] entzogen.

Die kompakte Gruppe $SU(2)$
wirkt auf sich selbst durch innere Automorphismen.
Wenn $\mathcal{P}_m$ der Raum der homogänen Polynome vom Grad m(Dimension von $\mathcal{P}_m = m+1$) in 2 Veränderlichen bezeichnet, sind die Darstellungen π_m, wobei $(\pi_m(g)f)(u,v) = f(\alpha u - \bar{\beta} v, \beta u + \bar{\alpha} v); g = \begin{pmatrix} \alpha & \beta \\ -\bar{\beta} & \bar{\alpha} \end{pmatrix}$
$(|\, \alpha\,|^2 + |\, \beta\,|^2 = 1), f \in \mathcal{P}_m$
die irreduziblen Dartellungen von $SU(2)$.
Mit σ_g bezeichnen wir den zu $g \in SU(2)$ entsprechenden inneren Automorphismus von $SU(2)$.
Wir versehen $\mathcal{P}_m$ mit folgendem Skalarprodukt:

$$(p \mid q) = \frac{1}{\pi^2} \int_{\mathbb{C}^2} p(u,v)\overline{q(u,v)} e^{-(|u|^2+|v|^2)} d\lambda(u) d\lambda(v),\ \ p,q \in \mathcal{P}_m.$$

wobei λ das Lebesgue Maß auf $\mathbb{C} \backsimeq \mathbb{R}^2$ bezeichnet.
Damit werden die Darstellungen $\pi_m$von$SU(2)$ unitäre. Dies zeigen wir für den Fall $m = 1$, der uns hier interessiert.
Für $m = 1$ besteht $\mathcal{P}_1$ aus Polynome der Form $p(x,y) = ax + by, a, b \in \mathbb{C}$.
Für p (wie in der letzten Zeile definiert) und q mit $q(x,y) = a'x + b'y, a', b' \in \mathbb{C}$ haben wir also zu zeigen, daß:
$(\pi_1(g)p \mid \pi_1(g)q) = (p \mid q)$und dies$\forall g \in SU(2)$.
Sei $g \in SU(2)$ mit $g = \begin{pmatrix} \alpha & \beta \\ -\bar{\beta} & \bar{\alpha} \end{pmatrix}, \alpha, \beta \in \mathbb{C}, \mid \alpha \mid^2 + \mid \beta \mid^2 = 1$, wir haben damit
$(\pi_1(g)p \mid \pi_1(g)q)$
$= \frac{1}{\pi^2} \int_{\mathbb{C}^2} p(\alpha u - \bar{\beta}v, \beta u + \bar{\alpha}v)\overline{q(\alpha u - \bar{\beta}v, \beta u + \bar{\alpha}v)} e^{-(|u|^2+|v|^2)} d\lambda(u) d\lambda(v)$
Da aber $p(\alpha u - \bar{\beta}v, \beta u + \bar{\alpha}v) = (a\alpha + b\beta)u + (b\bar{\alpha} - a\bar{\beta})v$ und $q(\alpha u - \bar{\beta}v, \beta u + \bar{\alpha}v) = (a'\alpha + b'\beta)u + (b'\bar{\alpha} - a'\bar{\beta})v$ erhalten wir für $p(\alpha u - \bar{\beta}v, \beta u + \bar{\alpha}v)\overline{q(\alpha u - \bar{\beta}v, \beta u + \bar{\alpha}v)}$ folgenden Ausdruck:
$[(a\alpha + b\beta)u + (b\bar{\alpha} - a\bar{\beta})v][(\bar{a'}\bar{\alpha} + \bar{b'}\bar{\beta})\bar{u} + (\bar{b'}\alpha - \bar{a'}\beta)\bar{v}]$
$= (a\alpha + b\beta)(\bar{a'}\bar{\alpha} + \bar{b'}\bar{\beta})u\bar{u} + (a\alpha + b\beta)(\bar{b'}\alpha - \bar{a'}\beta)u\bar{v} + (b\bar{\alpha} - a\bar{\beta})(\bar{a'}\bar{\alpha} + \bar{b'}\bar{\beta})v\bar{u} + (b\bar{\alpha} - a\bar{\beta})(\bar{b'}\alpha - \bar{a'}\beta)v\bar{v}$
$= (a\overline{a'} \mid \alpha \mid^2 + a\overline{b'}\alpha\overline{\beta} + \overline{a'}b\overline{\alpha}\beta + b\overline{b'} \mid \beta \mid^2)u\bar{u} + (a\overline{b'}\alpha^2 - a\overline{a'}\alpha\beta + b\overline{b'}\alpha\beta - \overline{a'}b\beta^2)u\bar{v} + (\overline{a'}b\overline{\alpha}^2 + b\overline{b'}\overline{\alpha}\overline{\beta} - a\overline{a'}\overline{\alpha}\overline{\beta} - \overline{b'}a\overline{\beta}^2)v\bar{u} + (b\overline{b'} \mid \alpha \mid^2 - \overline{a'}b\overline{\alpha}\beta - a\overline{b'}\alpha\overline{\beta} + a\overline{a'} \mid \overline{\beta} \mid^2)v\bar{v}$
Da aber $\frac{1}{\pi^2} \int_{\mathbb{C}^2} u\bar{u} e^{-u\bar{u}} e^{-v\bar{v}} d\lambda(u) d\lambda(v) = 1$ und $\frac{1}{\pi^2} \int_{\mathbb{C}^2} u\bar{v} e^{-u\bar{u}} e^{-v\bar{v}} d\lambda(u) d\lambda(v) = 0$ erhalten wir:
$(\pi_1(g)p \mid \pi_1(g)q) = a\overline{a'} + b\overline{b'} = (p \mid q), \forall g \in SU(2), \forall p, q \in \mathcal{P}_1$.
Denn $(p \mid q) = \frac{1}{\pi^2} \int_{\mathbb{C}^2} (a\overline{a'}u\bar{u} + a\bar{b'}u\bar{v} + b\bar{a'}v\bar{u} + b\bar{b'}v\bar{v}) e^{-(u\bar{u}+v\bar{v})} d\lambda(u) d\lambda(v)$
Da es eine einzige Klasse zwei-dimensionaler irreduziblen Darstellungen von $SU(2)$ gibt, ist $\pi_1 \cong \pi_1 \circ \sigma_g, \forall g \in SU(2)$!
Jetzt aber gibt es kein $p \neq 0 \in \mathcal{P}_1$, so daß
$(\pi_1(x)p \mid p) = ((\pi \circ \sigma_g)(x)p \mid p), \forall x, g \in SU(2)$.
Anders gesagt heißt es, daß es kein $p \neq 0 \in \mathcal{P}_1$ gibt,
so daß $\varphi : x \longmapsto (\pi_1(x)p \mid p)$ eine zentrale Funktion darstellt!(Zentrale heißt hier nur von der Spur von x abhängen!)
Für $p(u,v) = au + bv$, und $x = \begin{pmatrix} \alpha & \beta \\ -\bar{\beta} & \bar{\alpha} \end{pmatrix}$, mit $\mid \alpha \mid^2 + \mid \beta \mid^2 = 1$ haben wir:
$\varphi(x) = (\pi_1(x)p \mid p) = a\bar{a}\alpha + b\bar{b}\overline{\alpha} + \bar{a}b\beta - a\bar{b}\overline{\beta}$
Seien $x_1 = \begin{pmatrix} i & 0 \\ 0 & -i \end{pmatrix}, x_2 = \begin{pmatrix} -i & 0 \\ 0 & i \end{pmatrix}, x_3 = \begin{pmatrix} 0 & 1 \\ -1 & 0 \end{pmatrix}, x_4 = \begin{pmatrix} 0 & i \\ -i & 0 \end{pmatrix}$
Es ist die Frage, ob a und b aus $\mathbb{C}$ so gewählt werden können, daß
$\varphi(x_1) = \varphi(x_2) = \varphi(x_3) = \varphi(x_4)$.
$\varphi(x_1) = \varphi(x_2) \Longleftrightarrow i(a\bar{a} - b\bar{b}) = i(-a\bar{a} + b\bar{b})$
Woraus folgt: $a\bar{a} = b\bar{b}$ und $\varphi(x_1) = \varphi(x_2) = 0$
Aus $\varphi(x_3) = \varphi(x_4) = 0$ kommt aber: $\bar{a}b = a\bar{b}$ und $\bar{a}b = -a\bar{b}$ also $\bar{a}b = 0$
woraus ja kommt $a = 0$ oder $b = 0$, was aber mit $a\bar{a} = b\bar{b}$ heißt $a = b = 0$!
Außer diesen Werten können wir nicht $a, b \in \mathbb{C}$ so wählen, daß φ zentrale Funktion wird!
Es gibt also keinen zentralen Vektor in diesem Fall!

5.1.3 Die Heisenberg-Gruppe

Bemerkung 5.1:
Für folgende Modellisierung der Heisenberg-Gruppe Siehe [1]

Die $(2n+1)-$dimensionale Heisenberg Gruppe sei durch $\mathbb{C}^n \times \mathbb{R}$ modellisiert. Die Gruppe $U(n)$ ist eine maximale zusammenhängende kompakte Untergruppe von $\text{Aut}(H_n)$, und wirkt auf H_n einfach durch die übliche Wirkung auf die Komponente $\mathbb{C}^n$.

Wenn die nicht-ausgearteten unitären irreduziblen Darstellungen von H_n weiterhin durch $\lambda \in \mathbb{R}$ parametrisiert werden, gilt folgendes:

Die Darstellung π_λ kann auf den Fock Raum $H_\lambda(n)$ realisiert werden:

$$H_\lambda(n) = \left\{ f : \mathbb{C}^n \longrightarrow \mathbb{C} \text{ Ganze Funktion } \mid \int_{\mathbb{C}^n} e^{-2|\lambda||w|^2} |f(w)|^2 dw < \infty \right\}$$

$\pi_\lambda(z,t)f(w) = e^{-i\lambda t + \lambda(2\langle w,z\rangle - |z|^2)} f(w-z), \quad \lambda > 0.$

$\pi_\lambda(z,t)f(w) = e^{-i\lambda t - \lambda(2\langle w,\bar{z}\rangle - |z|^2)} f(w-\bar{z}), \quad \lambda < 0.$

$\langle w, z\rangle$ bezeichnet hier das Hermitsche Produkt auf $\mathbb{C}^n$.

Wenn wir hier $K := U(n)$ setzen, können wir folgendes schreiben:

Definieren wir $W_\lambda(k) : H_\lambda(n) \longrightarrow H_\lambda(n)$ durch:
$W_\lambda(k)f(z) = f(k^{-1}z), \ z \in \mathbb{C}^n$.
Dann ist $W_\lambda(k)$ ein Verketungsoperator zwischen $\pi_\lambda(z,t)$ und $(\pi_\lambda)_k(z,t) = \pi_\lambda(kz,t)$.

Dies kann zum Beispiel für $\lambda > 0$ verifiziert werden:

$W_\lambda(k)(\pi_\lambda(k^{-1}z,t)f)(w) = \pi_\lambda(k^{-1}z,t)f(k^{-1}w)$
$= e^{-i\lambda t + \lambda(2\langle k^{-1}w, k^{-1}z\rangle - |k^{-1}z|^2)} f(k^{-1}w - k^{-1}z)$
$= e^{-i\lambda t + \lambda(2\langle w,z\rangle - |z|^2)} W_\lambda(k) f(w-z)$
$= (\pi_\lambda(z,t)W_\lambda(k)f)(w),$

also: $W_\lambda(k)\pi_\lambda(z,t)W_\lambda^{-1}(k) = \pi_\lambda(kz,t)$.

Jede Darstellung π_λ ist $K-$invariant und somit $K-$irrreduzibel. Laut 2.10.1 1. Ergebnis für solche Situationen besitzt π_λ genau dann einen zyklischen $K-$radialen Vektor genau dann, wenn die $W_\lambda(k), \ k \in \mathbb{K}$ einen gemeinsamen Eigenvektor besitzen.(Der entschprechende Eigenwert darf unterschiedlich sein, muß aber vom Betrag eins sein.)

Man überlegt sich, daß diese Bedingung durch die Funktion $f(z) := e^{-|z|^2}, \ z \in \mathbb{C}^n$ erfüllt wird.

In diesem Beispiel besitzen also alle $K-$irreduziblen Darstellungen einen zyklischen $K-$radialen Vektor.

5.2 Beispiel einer K−irreduziblen Darstellung, deren Darstellungsoperatoren keine Spuroperatoren sind.

Die $U(1)$−Bahn einer eindimensionalen Darstellung in $\mathbb{H}_3$

Im vorliegenden Abschnitt untersuchen wir die Frage, ob im Falle der Wirkung einer kompakten Gruppe K auf G die Operatoren $\pi(\varphi)$ für eine K−irreduzible Darstellung π weiterhin Spuroperatoren sind.

Das ist im allgemeinen nicht der Fall, wie wir am Beispiel der Heisenberg-Gruppe H_3 unter der Wirkung der kompakten Gruppe $K = U(1)$ zeigen werden.

Wir betrachten die Heisenberg-Gruppe also $G = \mathbb{H}_3$.

Setzen wir:

$z := x + iy,\ z' := u + iv$ gilt es dann: $\frac{1}{2}Im(z\bar{z'}) = \frac{1}{2}(uy - vx)$ und wir dürfen die Heisenberg Gruppe $\mathbb{H}_3$ so realizieren:

$\mathbb{H}_3 = \{(z,t)|z \in \mathbb{C}, t \in \mathbb{R}\}$ mit $(z,t)(z',t') := (z+z', t+t'+\frac{1}{2}Im(z\bar{z'})), (z,t), (z',t') \in \mathbb{C}\times\mathbb{R}$

Die eindimensionale Drehgruppe $U(1) := \left\{e^{i\theta}, \theta \in [o, 2\pi]\right\}$ wirkt durch Automorphismen auf H_3 in folgender Weise:

Wenn wir mit τ ein Element dieser Gruppe bezeichnen, folgt dann:

$\tau.(z,t) := (\tau z, t),\ (z,t) \in \mathbb{H}_3$ und es gilt:

$\tau.[(z,t)(z',t')] = \tau.(z + z', t + t' + \frac{1}{2}Im(z\bar{z'}))$

$= (\tau(z + z'), t + t' + \frac{1}{2}Im(z\bar{z'})) = (\tau z, t)(\tau z', t'),$ dies für alle $(z,t), (z',t') \in \mathbb{H}_3$.

Wir betrachten jetzt die ausgeartete Darstellung ρ_0 von H_3, die folgender Weise definiert wird:

$$\rho_0(z,t) := e^{i\mathrm{Re}(z)} = e^{i(x)},\ (z,t) = (x + iy, t) \in \mathbb{H}_3 \text{ und für ein festes } z_0 = 1.$$

Die Wirkung von $U(1)$ auf $\mathbb{H}_3$ läßt sich auf $\widehat{\mathbb{H}_3}$ fortsetzen:

Für $\tau \in U(1)$ gilt:

$\tau.\rho_0((z,t)) = \rho_0(\tau.(z,t)) = \rho_0(\tau z, t) = e^{iRe(\tau z)}$

Sei c die $U(1)$−Bahn von ρ_0 in $\widehat{\mathbb{H}}_3$ und sei π_c die zugehörige $U(1)$−irreduzible Darstellung von $\mathbb{H}_3$ in $L^2(\mathbb{C})$.

Weil $\mathbb{T} \longrightarrow c,\ \tau \longmapsto \tau.\rho_0$ bijektiv ist, können wir $L^2(c)$ mit $L^2(\mathbb{T})$ identifizieren und $\pi_c \cong \int_{\mathbb{T}}^{\oplus} \tau.\rho_0 d\tau$, schreiben.

Für ein $f \in L^2(\mathbb{T})$ und ein $g = (z,t) \in \mathbb{H}_3$ haben wir:

$\pi_c(g)f = (\int_{\mathbb{T}}^{\oplus} \tau.\rho_0(g)d\tau) \int_{\mathbb{T}}^{\oplus} f(\tau)d\tau = \int_{\mathbb{T}}^{\oplus} \tau.\rho_0(g)f(\tau)d\tau.$

Es gilt hier: $\pi_c(g)f : \mathbb{T} \longrightarrow \mathbb{C}$ mit:

$\tau \longmapsto \tau.\rho_0((z,t))f(\tau) = e^{i\mathrm{Re}(\tau z)}f(\tau),$ wobei $g = (z,t) \in \mathbb{H}_3$.

$\pi_c(g)$ ist also ein Multiplikationsoperator auf $L^2(\mathbb{T})$.

Frage: Ist $\pi_c(\varphi)$ für $\varphi \in \mathcal{S}(G)$ ein Spuroperator?

Wir haben:

$\pi_c(\varphi) = \int_{H_3} \varphi(g)\pi_c(g)dg,$ wobei $\pi_c(\varphi)$ ein Operator in $L^2(\mathbb{T})$ ist.

$\pi_c(\varphi)f = (\int_{H_3} \varphi(g)\pi_c(g)dg)f = \int_{H_3} \varphi(g)\pi_c(g)fdg \in L^2(\mathbb{T})$

$L^2(\mathbb{T})$ sei mit der orthonormalen Basis $(e_\nu)_{\nu\in\mathbb{Z}}$ versehen, wobei $e_\nu(\tau) := \tau^\nu,\ \tau \in \mathbb{T},\ \nu \in \mathbb{Z}$.

Ist $\sum_{\nu\in\mathbb{Z}} < \pi_c(\varphi)e_\nu|e_\nu >$ konvergent?

Oder: $\sum_{\nu\in\mathbb{Z}} ||\pi_c(\varphi)e_\nu||^2$ konvergent?(Ist $\pi_c(\varphi)$ ein Hilbert-Schmidt Operator?)

$$||\pi_c(\varphi)e_\nu||^2 =< \pi_c(\varphi)e_\nu|\pi_c(\varphi)e_\nu >$$
$$= \int_{\mathbb{T}} < (\int_{\mathbb{H}_3} \varphi(g)\pi_c(g)e_\nu dg)(\tau)|(\int_{\mathbb{H}_3} \varphi(g)\pi_c(g)e_\nu dg)(\tau) > d\tau$$
$$= \int_{\mathbb{T}} < (\int_{\mathbb{H}_3} \varphi(g)e^{i\mathrm{Re}(\tau z)}\tau^\nu dg)|(\int_{\mathbb{H}_3} \varphi(g)e^{i\mathrm{Re}(\tau z)}\tau^\nu dg) > d\tau$$

$$= \int_{\mathbb{T}}(\tau\bar{\tau})^\nu < \int_{\mathbb{H}_3} \varphi(g)e^{i\mathrm{Re}(\tau z)}dg| \int_{\mathbb{H}_3} \varphi(g)e^{i\mathrm{Re}(\tau z)}dg > d\tau$$
$$= \int_{\mathbb{T}} | \int_{\mathbb{H}_3} \varphi(g)e^{i\mathrm{Re}(\tau z)}dg|^2 d\tau$$

Der Integrand ist von ν unabhängig und für ein geeignetes φ sicher von Null verschieden. Somit konvergiert die Reihe nicht: Der Operator ist kein Hilbert-Schmidt-Operator und damit auch kein Spuroperator.

Bemerkung 5.2:
Im Allgemeinen ist also nicht zu erwarten, daß für eine $K-$irreduzible Darstellung π die Operatoren $\pi(\varphi)$, $\varphi \in \mathcal{S}(G)$ sich als Spuroperatoren erweisen.
Ein anderer Spurbegriff ist also für eine Charakterformel obiger Art nötig.

Literaturverzeichnis

[1] Benson, C., Jenkins, J., Ratcliff, G. : On Gelfand Pairs associated with solvable Lie Groups. Trans. Amer. Math. Soc. 321, Number 1, (1990)

[2] Bernat, P. : Représentations des groupes de Lie résolubles. Paris: Dunod (1972)

[3] Cohn, D.L. : Measure Theory. Boston: Birkhäuser (1980)

[4] Corwin, L.J., Greenleaf, F.P. : Representations of nilpotent Lie groups and their applications. Part 1. Basic theory and examples. Cambridge Studies in Advanced Mathematics. 18. Cambridge: Cambridge University Press (1990)

[5] Damek, E., Ricci F. : Harmonic analysis on solvable extensions of $H-$type groups. J. Geom. Anal. 2, 213-248(1992)

[6] Di Blasio, B. : An extension of the theory of Gelfand Pairs to Radial Functions on Lie groups. Boll. Unione Mat.Ital.(7) 11-B, 623-642(1997)

[7] Dixmier, J. : Von Neumann Algebras. Amsterdam: North-Holland Publishing Company (1981)

[8] Dixmier, J. : C^*-Algebras. Amsterdam: North-Holland Publishing Company. Revised edition (1982)

[9] Dixmier, J. : Sur les représentations unitaires des groupes de Lie nilpotents. V. Bull. Soc. Math. Fr. 87, 65-79(1959)

[10] Effros, E.G. : Global structure in von Neumann algebras. Trans. Amer. Math. Soc., 121, 434-454 (1966)

[11] Faraut, J. : Analyse harmonique sur les espaces riemanniens symétriques de rang un, CIMPA: Ecole d'été. (1980)

[12] Faraut, J. : Groupes et algèbres de Lie, un cours d'initiation. Skript. Université Pierre et Marie Curie, 85-103, 106, (1999)

[13] Felix, R. : Integralzerlegungen positiv definiter Distributionen auf nilpotenten Liegruppen. Mathematische Zeitschrift. 157, 83-96(1977)

[14] Folland, G.B. : A Course in Abstract Harmonic Analysis. Boca Raton: CRC Press, (1995)

[15] Mackey, G.W. : Induced representations of locally Compact Groups I., Ann. of Math., Vol.55,101-139,(1952)

[16] Mackey, G.W. : Induced representations of locally Compact Groups. II. The Frobenius Reciprocity Theorem. Ann. of Math., Vol. 58. Number 2, 193-221, (1953)

[17] Mackey, G.W. : Borel Structure in Groups and Their Duals.,134-165,(1956)

[18] Nielsen, O.A. : Direct Integral Theory. New York: Marcel Dekker, INC (1980)

[19] Schiffmann, G. : Distributions centrales de type positif sur un groupe de Lie nilpotent. Bull. Soc. Math. Fr. 96, 347-355 (1968)

[20] Schubert, H. : Topologie, Eine Einführung. Stuttgart: B. G. Teubner. 4.Auflage (1975)

[21] Schwartz, L. : Théories des distributions. Paris: Hermann (1966)

[22] Wagschal, C. : Topologie et analyse fonctionnelle. Paris: Hermann, éditeurs des sciences et des arts (1995)

Lebenslauf

Zur Person: 29.02.1968 In Fribourg(Schweiz) geboren

E-Mail: thierrylaleye743@hotmail.com

Grundschule: 1974-1975 Lubumbashi(Kongo-Kinshasa)

1975-1979 Nouakchott(Mauritania)

Gymnasium: 1979-1984 Kinshasa(Kongo)

1984-1986 Rufisque(Senegal)

Abitur: 1986 Rufisque(Senegal)

Studium: 1986-1992 Maîtrise de Mathématiques pures Université Cheikh Anta Diop de Dakar

Lehraufträge: April 2003-Juli 2007: Université Gaston Berger de Saint-Louis(Senegal)

November 2007-Juli 2010: Katholische Universität Eichstätt(Deutschland)

Promotion: Juni 2011 Katholische Universität Eichstätt